写给孩子的科普丛书 ④

真好奇，能源

〔韩〕郑昌勋 著　〔韩〕Jo Esther 绘　李雪 译

山东人民出版社·济南

国家一级出版社 全国百佳图书出版单位

目录

工作的能量

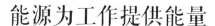

能源为工作提供能量

　　科学家说能源是"工作的能量来源"。能源多的话，可以做很多工作；能源少的话，许多工作就没法做。虽然人们对什么是能源并不十分清楚，但是没有人不知道工作是什么。

　　非洲的东北部，尼罗河在静静流淌。虽然尼罗河流经的大部分地区都是荒漠，但是在尼罗河周围和下游的三角洲，土地非常肥沃。数千年前，文明古国埃及在这里诞生。统治古埃及的王被人们称为法老。法老建造了显示自己权力的大坟墓，这就是金字塔。

　　大约4500年前，法老胡夫（Khufu）王统治着埃及。虽然无法详尽地了解胡夫王是怎样的一位法老，但我认为他是非洲历史上最强大的国王，因为他是建造了最大金字塔的法老。

金字塔建造的工作量

胡夫王的金字塔由大约230万块边长50厘米到2米不等的立方体石块堆砌而成。金字塔的底部是一个边长230米的正方形，往上逐渐收窄，呈四角锥形。胡夫王的金字塔高度是147米，因年久风化，顶部一部分剥落，导致现在的高度降到了137米。

要想建造像胡夫王金字塔那样的大型建筑物，需要很多人在漫长的岁月里持续不断地劳作，工作量巨大。

构成金字塔底座的四边，各边长度相差无几，四边正对着东西南北四个方向。当时测量金字塔底座的长度和方向是祭司的事。祭司是主持祭神活动的人，同时他们还具备多种知识，能够通过观测星象准确地测定方向。因为星象能够像日历一样告知人们时间，并且像指南针一样告诉人们方向。

祭司利用掌握的知识确定了金字塔底座四角的位置，然后法老穿着金光闪闪的衣服在祭司们定下的位置举行奠基仪式，金字塔的建造工作正式开始。搬运建造金字塔需要的石头是工人的工作。工人把石头从采石场搬到工地，然后将其分割、修整，最后把修整好

金字塔

的石头一块一块地堆积起来。

如果想要建造像金字塔这样的大型建筑物，必须事先制订好计划。其中，对工作人数和工程时间的预测十分重要。如果工程的期限被漫无目的地延长，国家的财力就有可能耗竭。

建造胡夫王的金字塔，到底需要多少工人，并且需要多久才能完成？要想弄清楚这件事，首先要看这项工程的工作量有多大。

想象一下，如何把100块沉重的石头从采石场运到工地呢？搬运沉重的石头，在石头下面并排铺放几根圆柱形的滚木，然后拉着或推着石头前进，这样会比较省力。当石头滚到木排的尽头时，就将后面的滚木搬到前面。如此往复，一个工人把一块石头从采石场运到工地需要花费整整一天的工夫。也就是说，一名工人一天的工作量就是搬运一块石头。

一名工人搬运100块石头就需要花上100天。如果20天后尼罗河迎来洪水，搬运工作将被迫停止。要想在洪水来临前的20天内完成所有工作，应该怎么做呢？需要一天搬运5块石头，即需要5名工人。如果是10名工人来搬运的话，那么所有这些工作10天就可以完成。

一名工人一天的工作量和工程需要的总工作量是个定量。所以完成总工作量所花费的时间会随着工人数量的不同而变化。工人越多，花费的时间就会越少。古希腊历史学家希罗多德就是依据上述标准，推测胡夫王的金字塔是由2万名工人历时20年建造完成的。

工作就是花费气力
搬运物体的活动

架桥、修路、开凿隧道……世界上这样的大工程络绎不绝。人们要完成的工作也跟着多了起来。埃及人在建造金字塔的时候，是以工人的人数为标准测算工作量的。

"工作的人有100人，今天一天能搬运100块石头。这样再施工40天，工程就可以完成了。"

现在，我们完成这样的工作主要靠机器——诸如挖掘机、铲车、塔吊、翻斗车等大型机械的力量。相比以前，准确地测算工作量变得更加复杂。

科学家们又是怎么定义工作的呢？又该如何核算工作量呢？在科

学家们看来，工作就是"把力量作用在物体上，并使物体在力的方向上移动了一段距离"，工作量则是"力量的大小乘以物体移动的距离"。现在，让我们像科学家一样想想，过去建造金字塔的人都做了哪些工作。

摩擦力和重力

科学家们认为的工作和我们认为的工作有一点点不同。举例来说，我们认为祭司通过观测星象来确定金字塔的方向是他为金字塔的建造做的工作，监督工人劳动的管理人员也为金字塔的建造做了工作。但是祭司和监工所做的工作并不是科学家所说的工作。因为他们的工作没有耗费体力，也没有使石块发生位移。那么搬运石头的工人们究竟有没有做工作呢？

采石场堆积了许多沉重的石头。一名工人为了把石头搬运到工地，就用力地推石头，推了一会儿，结果石头纹丝不动。这时的工人做工作了吗？并没有。因为物体一点也没有移动。不管对物体如何用力，只要物体没有移动就是没有工作。

在圆柱形的滚木上放上石头，由好几名工人推着，现在石头开始移动了。工人用力推，石头移动；如果不用力，石头就会停下来。因

第一章　工作的能量

为工人们是耗费了体力使石头发生了位移，因此就说是做了工作。

我们再来考虑一件事情。工人们搬运石头为什么要消耗体力呢？

当工人开始推石头时，石头和地面之间会产生力，阻碍石头发生位移。这种力就是"摩擦力"。工人们正是克服了石头与地面之间的摩擦力，才使石头发生了移动。如果在地面与石头之间铺上圆柱形的滚木，摩擦力就会大大减少，可以更容易地搬运石头。

如果在没有摩擦力的地方，比如在光滑的冰面或者是在没有空气的外太空，推动物体会怎么样呢？这时不用使太大的劲，只要轻轻一碰，物体就会自然滑动。这种情况下，即使将物体移动到很远的地方，但因为没有用力也不能将其称为工作。

因此我们说，科学家所说的工作和我们一般认为的工作不同。请记住，科学家所说的工作，必须同时满足对物体"施力"和物体"发生位移"这两个条件。①

好，采石场的石块终于运到了工地，接下来就要把石块一块块地堆砌起来。只有这样，金字塔才能拔地而起，巍然矗立。如果说石头从采石块到工地是将石头在水平方向上移动的话，那么在工地上垒石头就是将石头在垂直方向上移动了。

---

① 这里的工作，其实就是物理学上的"做功"。只是由于"做功"一词读者们可能比较陌生，就用了"工作"一词来替代。——编者注

把石头一块块地往上垒的工作可是要比把石头挪到另一块石头的旁边费劲得多。于是埃及人用泥土筑起斜坡，沿着斜坡搬运石头。沿着斜坡搬运石头，运送石头的距离更长，会更费力气。此时工人们做的工作和斜坡的长度没有关系。向上移动的距离，即只有高度的变化是工人们做的工作。

推动石头时工人们要克服摩擦力，那么向高处搬运石头，工人们需要克服什么样的力量呢？

地球本身对地球上的所有物体都产生吸引力，这种力叫作"重力"。工人们将石头向高处搬运更加费力，就是因为重力在起作用。工人们做的是克服地球对石头的吸引力，即克服重力的工作。

我们将地球吸引物体重力的大小称为"物体的重量"。大家的体重就相当于地球吸引我们身体的重力的大小。因此可以说，工人们抬石头是一项克服石头重量的工作。这时工人们的工作量是石头的重量乘以石头高度变化的值。

工作量 = 石头的重量 × 变化的高度

工作中的能量"变身"

　　按照科学家对工作的定义，是不是只有人类才可以工作？并不是。世界上所有的事物都具备这种工作的能力，具备这种工作能力的事物同时就自带能量。

　　为我们带来光明的光就具有能量，简称"光能"。太阳能电池受到光的照射，就可以转化成机械能带动发动机，进而让汽车在马路上奔驰。

　　周围嘈杂的声音也具有能量。声音的振动能够引起我们耳朵里耳膜的振动，甚至引起玻璃窗的震动，非常响的声音可以打破像玻璃杯一样的物体。我们把声音具有的能量称为"声能"。

给我们带来温暖的火也具有能量。火烧开壶中的热水，水蒸气就会把壶盖顶得"咔咔"作响。

我们把像火这样的具有的能量称为"热能"。

除此之外，世界上还有很多种类的能量。对于能量的种类我们可以逐一了解。但是，我们一定要了解的是，工作是通过一种能量不断地转换为其他种能量来实现的。以我们喜欢的电脑游戏为例，一起来看看吧。

"变身"的能量

玩电脑游戏时，需要触发键盘的按键或点击鼠标按键使按键发生运动。

我们将移动的物体所具有的能量称为动能，被按下的按键所具有的能量就是按钮的动能，移动的手指所具有的能量就是手指的动能。我们在敲击键盘或按下鼠标的一瞬间，手指的动能转换成了按键的动能。

按键是一种开关。每次按下按键时，随着开关启动和电信号的输送，显示器上会出现影像，麦克风也会传出声音。显示器的影像和扬声器的音响也都具有能量。影像是光能，声音是声能。那么制造光和声音的又是什么能量呢？正是电线给电脑供的电。和光与声音一样，电也是一种能——电能。

长时间玩游戏的话，电脑本身会变得热乎乎的。这是电脑在工作期间，电能的一部分转换成了热能，热能使电脑热乎乎的。

就像玩电脑游戏所发生的一样，工作中的能量不断地变换着"身形"。能量变身就是由一种能量转换为另一种能量。换句话说，就像是一种能量制造出了另一种能量一样。有人说，"能量是可以工作的能力"。我们现在把这句话理解为"能量是可以制造出另一种能量的能力"，也是可以的。

能够提供能量的资源就是能源，如煤炭、石油、太阳等。从远古时代起，人类就开始利用能源来发展文明。建造金字塔的埃及人也是一样。可以这么说，人类的历史同时也是一部能源发展史。文明的发展给人类带来了新的能源，人类在使用更多能源的同时促进了人类文明的发展。

现在，就让读者们跟我一起来了解人类是如何发现并利用能源的。相信你会在这个过程中对能源问题产生兴趣。

神殿自动门的秘密

祭司慢慢地爬上神殿的台阶，在塔门旁边的祭坛处停了下来，点燃了祭坛上的火炉。火焰喷涌而出，火炉周围弥漫着热气。

祭司背诵着不为人知的咒语，过了一会儿，紧闭的神殿之门慢慢开启。

"哇，门自动就打开了？"

"真是令人惊讶的事呀！"

"所有人向神圣的祭司致敬！"

神殿台阶下聚集的人们发出啧啧的感叹并磕头行礼。只凭祭司的咒语，神殿之门就打开了，这着实让那时的人们觉得惊奇。

第一章 工作的能量

设计神殿自动门的科学家希罗

从埃及北部出发，穿过地中海就来到了希腊。希腊是继埃及之后又一个创建了灿烂文明的国家。生活在2000年以前的古希腊的科学家和发明家希罗，就是这扇神秘的神殿自动门的发明人。

大家知道，开门关门都需要用力，特别是神殿那样的公共场所的大门。既然我们把搬运石头看作是工作，那么开门关门也是工作。在希腊从事这项工作的人是奴隶。奴隶需要消耗自己的体能打开或者关上神殿之门。祭司念念咒语就可以开启自动门同样也是工作，也需要消耗能量。

现代化的自动门只要按一下开关就能打开和关闭。如果是安装了感应器的自动门，只要人靠近，门就会自动打开。与这种自动门相比，希罗的自动门还是有些不方便。因为它需要先点燃祭坛的火炉，而这需要一定的时间。

其实，指派奴隶们来给神殿开门关门更方便快捷，那么为什么希腊的祭司要用这么一个费时烦琐的办法来给神殿开门关门呢？

神殿，是向神献祭品、祈祷神旨的地方，它们神秘而又令人敬畏。祭司是代表居民供奉神灵的人。作为神职人员，祭司要充分展现自己比普通居民更接近神，更能理解神的旨意，因为只有这样，才会有更多的居民相信并追随他们。

像希罗这样的科学家非常了解自动门的原理，但普通居民看到门能够自动开关后就会相信祭司有着某种神秘的法力，并认为是神赐予了他们这份力量。从这个角度来看，建造神殿的自动门就是通过科学的方法为祭司树立权威。

希　罗

那么，希罗自动门的工作原理到底是什么呢？另外，将自动门打开和关闭的能量来源又是什么呢？

点燃祭坛的火炉，周围的空气就会变热。火炉的下面有一根通向地下的管子，火炉燃烧产生的热量通过管子传导于地下事先安装好的水窖中。水窖上方的空气会随着温度上升而渐渐膨胀。这样，水窖里的气压会升高，在气压的作用下，窖池中的水会被推送到水桶里。

水桶里的水越来越多，在重力的作用下，水桶就会往下沉，下沉的水桶牵动绳子，绳子通过滑轮牵引位于神殿大门下方的一对重锤上升，最终将大门缓缓开启。

关闭大门的过程与开门相反。火炉里的火熄灭，水窖的空气会渐渐冷却发生收缩，随之降低的气压会将水桶中的水抽到水窖中。水桶

中的水减少，重力变小。当水桶的重量小于重锤的重量时，重锤由于重力开始下降，通过滑轮拉动水桶上升，最终将大门缓缓闭合。

　　开启和关闭自动门的装置都藏在神殿的地下，居民是看不到的。对居民来说，祭坛火炉的点燃和熄灭，与神殿大门的自动开启与关闭一样，都是在祭司意识的支配下完成的。

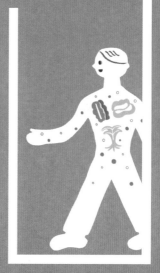

能源的千姿百态

加热物体时产生的热能

祭司通过点燃和熄灭祭坛火炉，即利用热量的集聚和消散来控制神殿大门的开启和闭合，这能不能说，火炉产生的热是一种能量呢？是的。科学家们认为，在加热物体时产生的热是能量的一种，并将其称之为"热能"。那么，我们非常熟悉的、生活中比比皆是的热能都具有怎样的性质呢？

冰是寒的，凉水清爽，温水热乎，沸水很烫。冷和暖是物质所具有的特性之一。很多时候，冷或暖的感受因人而异。同样是一杯水，对于有的人来说是冰凉的，而有些人会感觉温乎乎的。

同样温度的水，在夏天踢完球后喝它时会感到凉爽，在寒冷的冬

天喝它就会感觉温乎乎的。科学家们为了防止这种混乱，

制定了能够准确反映物质冷与暖程度的值。这个值就是

温度。

热能的6个重要特性

温度的单位通常以摄氏度（℃）来表示。摄氏度将水

的沸点设为100度，水的冰点设为0度，其间分成100等

份，1等份为1度。这是瑞典天文学家安德斯·摄尔修

热水浴池

斯（Anders Celsius）在1742年创立的。举例来说，澡堂里冷水浴池的温度是15℃，热水浴池的温度是40℃。

为什么有些物体温度高，有些物体温度低呢？科学家们认为，物体得到了某种东西就会变得温暖，失去了某种东西就会变得冰冷，这种东西就是"热量"。热量具有以下几种重要的特性。

第一，所有物体都具有热量。热滚滚的水有热量，冻得结结实实的冰也具有热量，不存在没有热量的物体。

第二，物体既可以失去热量也可以得到热量。进入冷

冷水浴池

水浴池我们的身体就会失去热量，浴池中的水会得到热量。因此，我们进入冷水浴池的话，就会感到很凉爽。进入热水浴池的话，身体会得到热量，浴池的水会失去热量，我们的身体因为得到了热量而感到温暖。

第三，热量总是从温度高的物体向温度低的物体传递。冷水浴池中的凉水也具有热量，那么冷水浴池的水会不会向我们身体传递热量呢？答案是不会。因为我们身体的温度要比冷水浴池的水的温度高。

第四，直到两个物体的温度变得相同时，热量传递才会停止。在还没有冰箱的时代，人们在炎热的夏季吃瓜解暑，通常要把西瓜在井水里泡上一会儿再吃。这是因为，被烈日晒得热腾腾的西瓜的自身温度比井水的温度要高。将西瓜放进冰凉的井水里，热量会从西瓜向井水传递，西瓜的温度降低，井水的温度就会升高。如果井水和西瓜的温度最终变成一样的话，它们之间的热量传递就停止了。

第五，热量会改变物体的状态。从冰箱的冷冻室中取出冰块，冰块会从周边温暖的空气中获得热量，冰块的温度因此就会升高。冰块的温度超过 0℃就会开始融化，固态的冰块就会变成液态的水。

我们将装着水的水壶放在煤气灶上，水从煤气灶的火焰中得到了热量。水的温度渐渐升高，当它达到 100℃时，就会"咕嘟咕嘟"地沸腾，最终液态的水就变成了气态的水蒸气。

第六，热量是能源。如果水壶里的水开始沸腾，水壶的盖子也会跟着颤动起来。这是由于水蒸气推起了盖子，而推动壶盖的动力来源正是热量，就像古希腊人通过点燃或者熄灭祭坛的火炉来控制神殿大门的开关一样。

　　　　　　　　　　　　　第二章　能源的千姿百态

运动物体所具有的动能

1519年8月10日，一个由西班牙5艘帆船组成的探险队出发了。这支船队的队长是斐迪南·麦哲伦（Fernando de Magallanes），出航的目的是通过海路环游世界。帆船是船上挂帆，用风力推动船帆行驶的船。麦哲伦相信，利用信风，船队就可以绕地球一圈后回到西班牙。

信风是从赤道的北边和南边一年四季吹向赤道的风，北半球吹东北信风，南半球吹东南信风。麦哲伦的帆船在信风的作用下向西行驶。但船队并不能始终得到信风的帮助，因为赤道附近存在着常年风速微弱的无风带。

船队在渡过大西洋进入太平洋时需要穿过赤道，结果在无风带上

遇到了一点风都没有的日子，只能在海上漂浮。因为没有推帆的风，船队就无法前进。

麦哲伦渡过了没有一丝风、只有灼热阳光照射的无风带，又遇上了暴风雨和巨浪。虽然经历了种种的困难，但是他在茫茫大海中苦苦坚持，不断激励着被恐惧笼罩和疾病缠身的船员，最终越过了大西洋和太平洋。麦哲伦本人没能实现环游世界的梦想。1521年4月27日，他在菲律宾的一座小岛上与土著居民作战时被杀。一年多后，1522年9月6日，这只船队仅剩一艘船和18名船员，完成了环球旅行回到了西班牙。

利用风力的帆船

在帆船发明之前，人们就已经划桨行船了。用桨划船消耗的是人自身的体能，就像建造金字塔时使用人力堆砌石头一样。而推动帆船行驶的是风能。那么风能究竟是什么呢？

我们把空气的压力叫作气压。气压高则叫高气压，气压低则叫低气压。空气从气压高的地方向气压低的地方流动就产生了风。在风，也就是流动空气的带动下，帆船得以行驶。空气不流动就不会产生风，就像在无风带，帆船只能停泊在海上一样。

流动的空气可以工作，也就意味着它是一种能量。我们将运动的物体所具有的能量称为动能，风能即是动能中的一种。

用浆划动的船

流淌的水也具有动能，如奔流的水能够裹挟着碎石、沙子和泥土一起流动。暴雨过后经常可以看到山上的泥石和洪水一起滑落下来。

动能越大，物体运动的速度也越快。所以在水流湍

挂着帆的帆船

急的地方，碎石和沙子并不容易沉积。风也一样。风越大，帆船行驶的速度就越快。

化学变化产生的化学能

如果想打开古希腊的神殿之门，就要点燃祭坛的火炉。但是用石头制成的火炉自身是无法燃烧的。火炉当然需要燃料。像木头、动物油脂和植物油、煤炭、石油等可燃物质被称为燃料。古人利用燃料进行照明、取暖和烹熟食物。

这些燃料也是能源。它们本身不会像烧开的水一样发热，也不会像风一样移动，那么它们蕴藏的能量在哪里呢?

能源为工作提供能量，燃料既然是一种能源，它就要为工作提供动力。我们可以通过神殿自动门的事例加深理解。开关神殿自动门的动力来源是空气的热能转化成的机械能，提供这份热能的便是燃料。

换句话说，燃料燃烧产生了热能。

燃料无法直接开关自动门，但是点燃燃料就会产生热量，热量转化成机械能最终打开殿门。科学家们将燃料这种能够直接或者通过加工、转换产生能量的物质定义为能源。那么，燃料是如何释放出热能的呢？

因化学变化而产生的能量

物质是由原子组成的。无数原子像积木一样连接在一起就形成了物质。科学家们将原子的互相连接称为"化学键结合"。一个水分子（H_2O）是由一个氧（O）原子和2个氢（H）原子化学键结合构成的。一个二氧化碳分子（CO_2）是由一个碳（C）原子和2个氧（O）原子化学键结合构成的。

我们生产生活中的燃料大部分是由碳原子构成。构成燃料的碳原子遇到空气中的氧原子，二者会发生反应，生成一种叫"二氧化碳"的气体。科学家将某种物质的原子重新排列组合生成另一种物质的过程称为"化学反应"。燃料在点燃的状态下与空气中的氧气发生反应，释放出大量的光和热。

科学家们认为，燃料中一定隐藏着某种能量，最终转化成了光能和热能。

这种能量是物质在发生化学反应的过程中释放出来的。物质发生化学变化，隐藏在物质中的这种能量就会释放并转变成热能和光能等多种能量。科学家们将隐藏在物质中的这种能量称为"化学能"。

火　焰

　　化学能也隐藏在我们的身体里。人体中有一种蕴含化学能的物质叫"三磷酸腺苷（adenosine triphosphate）"，简称ATP。ATP也像燃料一样，一旦发生化学变化，就会释放能量，我们的身体就是利用它产生的能量收缩或放松肌肉。正因为有了它，我们才能够自由地活动四肢。同样地，建造金字塔的工人垒砌石头时所消耗的体能也是源自ATP释放的化学能。

　　如果我们长时间工作的话，体能就会下降，ATP也会变得不足，并会感到饥饿，饥饿是身体发出的要求补充ATP的信号。[①]饿了就要吃东西，在消化食物的过程中人体再次制造出ATP。现在我们可以知道，建造金字塔的工人的体能来源是身体内的化学能了吧。

_____

　　① 　人体内ATP的含量是稳定的，通常意义上的饥饿并不会使ATP总量变得不足。一般来说，饥饿是人体血液中的葡萄糖含量降低给身体发出的信号。如果ATP严重匮乏，人体机能就会出现异常，患者就休克或者濒临死亡了。——编者注

第二章　能源的千姿百态

地球的重力产生的重力势能

很久以前，水稻、大麦、小麦等粮食是人类赖以生存的物质资源。

踏　碓

这些谷物的谷粒被粗糙的皮包裹着。剥皮磨粉的装置叫作碓①。根据动力来源的不同，碓可以分为踏碓、石碾和水碓。

踏碓是人们运用杠杆原理、站着用脚踏舂②米的装

---

① 音duì。——编者注
② 音chōng。——编者注

置，它的动力来源是人的体能。石碾是由两块圆而平的石头组成。大的石头压在地面上，小的石头侧立在大石头上。石碾的石头因为很重，需要马或者牛牵引才能转动。石碾的动力来源是畜力。

石　碾

水碓就是一个放大了的踏碓，但它不靠人力，它是利用流水来舂米的。

踏碓和石碾是靠人和家畜工作的。水碓工作靠的是水，水究竟是怎样具有能量的呢?

利用重力势能的水碓

物体由于地球的吸引而受到的力叫作重力。水从引水槽中落到水车轮里就是因为重力。落下的水流可以推动水车轮转动，进而拨动碓杆上下舂米，这样流水就替代人和家畜成为碓的动力来源。

科学家们将物体受到地球的吸引所拥有的能量称为"重力势能"。水碓就是利用水的重力势能进行工作的装置。

　　　　　　　第二章　能源的千姿百态

物体的质量越大，其重力势能也越大。当引水槽中的水量变多时，水车轮会转动得更快。另外，物体的位置越高，重力势能越大。高处落下的水流更急，因此水车轮转动得更快。像这样，重力势能的大小会随着物体的高度，即位置的不同而有所不同。因此重力势能也叫作"位能"。

除了从引水槽流下来的水，水碓的一个部件也具有重力势能，那就是安置在碓杆一端的碓头。水车轮拨动碓杆，碓头就会上下起落。我们不是讲过，物体的高度越高，重力势能就越大吗？水车轮拨动碓杆，碓头就会向上高高翘起，从而得到重力势能。当碓杆脱离水车轮后，碓头自然下落，这时就带着重力势能进行舂米了。

水碓外部

水碓内部

事实上，运行中的水碓的各个部件都在不断地传递并转换着能量。让我们一起来看看，工作中的水碓，是如何一步步实现能量的传递和转换的。

堵住引水槽，然后重新打开，水槽中的水就会开始往下流动。此时，水的重力势能就变成了水的动能。水流落进水车轮，水车轮就开始转动，水的动能就传递到了水车轮上。动能持续从水车轮上带动横轴上的短木，再由短木撬动碓杆升起，动能变成了翘起的碓头的重力势能。然后碓头的重力势能再次转化成动能猛地向下锤去，碾米的工作便开始了。

电荷产生的电能

受伤的松树会流出发黏的树脂，这种树脂滴落到地上，被埋藏在地下千万年，就变成了一种叫作"琥珀"的坚硬化石。琥珀表面光滑闪亮，一般呈浅褐色且通体透明。古人将琥珀当作宝石，经常用在项链等装饰品上。

琥珀有一种很奇怪的特性——虽然表面非常光滑，但很容易粘灰。大部分人只是对琥珀粘灰的现象感到厌烦，但很少有人去认真探究这一现象背后的原因。揭开这

泰勒斯

第二章 能源的千姿百态

一谜团的正是泰勒斯（Thales）。

泰勒斯是生活在大约2600年前的古希腊科学家。他预测了日食，还主张世界上所有物质都是由水构成的。他也是首个发现了静电现象的人。

泰勒斯将用布块或毛皮揉搓后的琥珀去和一些细小的物体相接触。令人惊讶的是，琥珀不仅能够吸附灰尘，而且还能粘上头发和鸟的羽毛。因此泰勒斯认为，用布块或毛皮揉搓后的琥珀能够产生吸引微小物体的力量。

同极相排斥，异极相吸引

泰勒斯之后，又过了大约2200年，英国的科学家兼医生威廉·吉尔伯特（William Gilbert）将琥珀吸引物体这一现象命名为"电"。电的英文一词"electricity"就源于"琥珀"的希腊语"electron"。那么，电到底是怎样的一种东西呢？

电现象是一种叫作"电荷"的东西产生的。像有质量的物体之间存在引力一样，带电荷的物体之间存在着电场力。引力总是让物体彼此吸引，但电场力像磁铁一样，既能彼此吸引，也能彼此排斥。这种差别的原因在于，物体的质量只有一种，但电荷却有正电荷和

44

负电荷两种，就像是磁铁有N极和S极两个极一样。

磁铁间同极相互排斥，异极互相吸引；电荷也是同种相互排斥，异种相互吸引。换句话说，正电荷和负电荷是相互吸引的。

所有物质都带有负电荷和正电荷。由于它们所带的负电荷和正电

威廉·吉尔伯特的著作《论磁》封面

荷数量一样，彼此抵消，所以它们整体显示不带电。但是如果两种物质发生摩擦，一种物质中的部分负电荷会移动到另一种物质中。这样，物质中负电荷和正电荷的数量均衡就被打破，其物质就会显示带电了。获得负电荷的物质带负电荷，失去负电荷的物质带正电荷。

琥珀在毛皮上揉搓就会带负电荷，因为毛皮里的一部分负电荷移动到了琥珀里。将带有负电荷的琥珀靠近羽毛，原本均匀分布在羽毛里的负电荷和正电荷就会开始移动。

第二章 能源的千姿百态

用琥珀制成的饰品

羽毛中的正电荷被吸引到靠近琥珀的一端，负电荷被排斥到离琥珀很远的地方。这时候，羽毛中靠近琥珀的一端带有正电荷，离琥珀远的一端带负电荷。

经过毛皮摩擦的琥珀带有大量的负电荷，而被琥珀靠近的羽毛则在其两端分别聚集了大量的正电荷和负电荷。琥珀的负电荷与羽毛的正电荷一端相互吸引，在这种电场力的作用下，羽毛粘在了琥珀上。

好，现在让我们再来回顾一下泰勒斯的实验，看看为什么说电是一种能量。

泰勒斯将琥珀在毛皮上揉搓，琥珀就带了电荷。然后将琥珀靠近放在地上的羽毛，羽毛腾空而起贴在了琥珀上。羽毛本身有地球吸引的重力在起作用，而琥珀产生出的电场力则克服了羽毛的重力将其吸引过来。

换句话说，琥珀是在工作。那琥珀工作的能量源泉又是什么呢？科学家们把经过毛皮摩擦的琥珀所带有的能量称为电能。

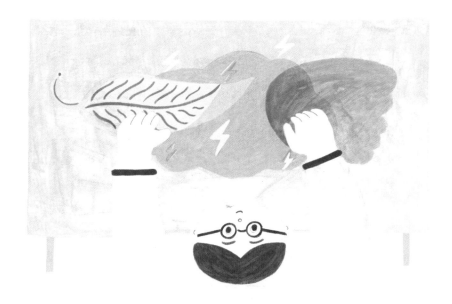

静止的电和流动的电

下面我们将对电能做更深入的了解，因为它是我们日常生活中非常重要和极为普遍的能量。我们利用电能来看电视、照明、通话、使用电脑。我们已经无法想象一个没有电的世界是什么样的。那么电是如何点亮路灯、点亮霓虹灯以及开动电梯的呢？好，让我们回到琥珀的故事中去看一看。

将琥珀在毛皮上揉搓，琥珀就会带上负电荷。因为琥珀里负电荷的数量比正电荷稍多一点，这些负电荷就像水坑中的水一样，被收集在了琥珀里。科学家们将存在于某种物体中的电称为"静电"。两种物体摩擦的话就会产生静电，因此静电也叫作"摩擦电"。

静电和动电

与静电相对应的是"动电"。静电是静止的电，而动电就是流动的电。科学家们发现，不仅存在着静电，还存在着流动的电。比起静电，在我们的生活中，更多用到的是流动的电，因此人们直接将动电称为"电"。

电在我们的生活中比比皆是。下面咱们用水的例子来说明一下电

48

是如何流动的。

拿两个圆形的碗。一只碗里盛满了水，另一只碗是空的。将两只碗放置在相同的高度上，再在两只碗的碗底各钻一个小洞，然后用吸管连接两个小洞。这时我们就会发现，装满水的碗里的水开始向空碗中流动。如果把碗中满满的水看作是静电，而吸管里流动的水就相当于是动电，也就是我们平常所说的电。

用铜线将一个带负电荷的物体和一个不带电的物体连接，负电荷会在铜线中流动。科学家将这种电荷在导体中所做的运动称为电流。电荷、电、电流，这些看起来长得差不多的词语放在一起，会不会一时分不清呢？其实小读者们不用过于担心，它们的意思虽然略有不同，但总是结合着不同的语境来用，因此并不影响我们对电的理解。

科学家们已经制造出了很多能将电能转化为其他各种日常所需能量的装置。电机就是将电能转换为机械能的装置。电风扇、洗衣机、电梯、冰箱、吸尘器、电脑甚至是空调，我们生活中很少有不用电机驱动的电器。电动汽车就是通过电机把电能转化成机械能来驱动自身行驶的。

像电热器、暖风机、电熨斗这些电器是将电能转换成热能的装置。

扬声器是将电能转换成声音的装置。另外LED灯可以把电能转

第二章　能源的千姿百态

换成光。声音和光也都是能量，这个想必大家在本书的第一章就知道了吧。

想象一下，如果我们的生活中没有了电，那将会是个什么样子？一切都会停下来。早上起床的闹钟不再叫了，音乐也不能听了，学校里的上课铃声也不再响起，地铁也无法运行。这让我们再次涌起了对电的感激之情。这个由电力运转的世界正是从泰勒斯的伟大发现开始的。

第二章　能源的千姿百态

雷和闪电产生的声能和光能

1752年6月15日，美国费城的一名男子正在山坡上放着风筝。这时的天空阴云密布，一场暴风雨马上就要到来，令人闻之色变的雷声随时都会响起。到底是谁敢在这样的天气，做出这么愚蠢而疯狂的举动呢？这个人就是美国著名的科学家本杰明·富兰克林（Benjamin Franklin）。

"我的天啊，那是谁呀？不是富兰克林吗？天气这么糟糕，他到底在干什么？"

"如果突然打雷该怎么办？真让人担心。"

几名担心下雨快步回家的居民发现了放风筝的富兰克林，喃喃自语。

这时的富兰克林正等着闪电的降临，他想利用风筝来"抓住"闪电，以搞清楚闪电的真实面目。

在富兰克林之前，人们还不知道闪电是怎么一种现象。多数人害怕闪电，认为闪电是神发怒向大地投掷的火花。但是，富兰克林等一些科学家开始认识到，闪电可能也是一种电现象。

连接着结实丝线的风筝飞向了天空，像是要去触碰那阴沉的乌云。在风筝线的末端，挂着的一把金属钥匙在风中摇曳。云中开始闪动微弱的光亮，接着，风筝线末端的绒毛耸立起来，金属钥匙上溅起了小小的火花。富兰克林将事先准备好的玻璃瓶贴近了金属钥匙。

富兰克林的发现

这个玻璃瓶就是科学家口中的"莱顿瓶"。因为它是由荷兰莱顿大学的一位科学家最先发明的。莱顿瓶是一个简单却重要的实验装置，是一个内外包覆着导电金属箔，瓶口上接有金属棒的玻璃瓶。莱顿瓶可以储存静电。当时的科学家们纷纷利用莱顿瓶来探查电的各种特性，富兰克林也不例外。

富兰克林细心观察了靠近金属钥匙的莱顿瓶，发现它的状态和储存了静电时一样，这就说明了闪电是一种电现象。

富兰克林的闪电实验之后，人们更加清楚了闪电到底是怎么一回事。

云是由无数个小小的冰晶组成的聚合物。云中的冰晶在大风中打旋儿，互相激烈撞击。随着冰晶的不断撞击和摩擦，云就像经过了毛皮揉搓的琥珀一样，身上装满了电荷。

云中的电是静电，它们静静地储存在云中。当充满静电的两团云彼此靠近，就会出现令人惊叹的现象。存积在云中的大量的静电瞬时发生移动，形成强烈的爆炸。科学家将这一现象称为"放电"，也就是我们看到的闪电。

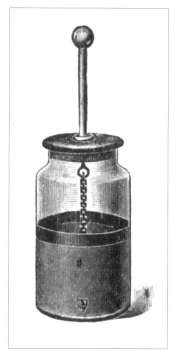

莱顿瓶

寒冷的冬天，在漆黑的房间里脱下毛衣时，有没有经历衣服噼啪作响、火花迸溅的场面？这火花就是存积在毛衣里的静电放电时产生的光。像这样，天上的两团云碰撞放电时也会冒出火花，那一道道长长的明亮的火花就是闪电。闪电也会砸向地面，叫作"霹雳"。

人们在看到闪电之后接着就会听到巨响。为什么会有巨响呢？闪电打闪的瞬间会释放大量的热，使周围的空气立即受热并发生膨胀。

闪　电

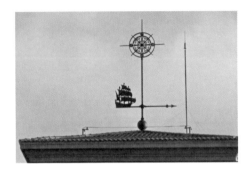

避雷针

这就像点燃神殿祭坛的火炉会使空气膨胀一样。当然，火炉的热量和闪电是无法相比的，闪电爆发出巨大的热量，使膨胀的空气推挤周围的空气，就像炸弹爆炸一样发出巨大的声响，这个声音就是雷声。

雷和闪电几乎同时发生，只是雷是以声音的速度传播，闪电是以光速传播，由于音速比光速慢，人们在看到闪电之后才会听到雷声。

制造雷声和闪电的是云中存积的电能。换句话说，声音和光是电能转换成声能和光能的结果。我们不是说过，一种能量可以转换成其他一种或者多种能量吗？那么是不是声能或光能也能转换成其他类型的能量呢？答案是当然可以。

前面说过，扬声器是将电能转换成声能的装置。而与之相对应，麦克风是将声能转换成电能的装置。另外，LED灯是将电能转换成光能的装置，光电池则是将光能转换成电能的装置。

富兰克林很幸运。因为人在雷电天气里放风筝，有可能会遭受雷击而丢掉性命，就像风筝线挂到了高压线上有可能让放风筝的人触电一样。在研究闪电的过程中，富兰克林发明了避雷针。避雷针是安装在建筑顶端尖尖的金属棒。避雷针连接着电线，电线的末端埋在地下。

雷电很容易落在像避雷针一样又高又尖的金属上，并通过避雷针连接的电线消失于地下。由于避雷针可以抢先把雷电引向自身并传导到地下，所以就不必担心安有避雷针的建筑会遭受雷击了。

磁能：电能独一无二的朋友

电和磁既相似又不同。磁和电一样，也分两极，即N极和S极。异名磁极相互吸引，同名磁极相互排斥，即N极和N极、S极和S极相互排斥，N极和S极相互吸引。

奥斯特

　　相比电现象，磁现象在很早之前就被人类熟知。磁铁吸铁就是磁现象之一。磁铁的N极和S极分别指向北方和南方也是磁现象。指南针就是人们从磁石可以指示南北这一现象得到启发发明出来的。在丹麦科学家汉斯·奥斯特（Hans Christian Oersted）发现电磁效应之前，人们一直认为磁和电是两个不同的东西。

1820年，奥斯特正在做把电流输送到电线上的实验。他发现，每当电线中有电流流过时，放在电线一边的指南针的指针就会移动。

"好奇怪呀。难道电会影响磁吗？"

经过反复的研究与思考，奥斯特得出了结论，如果电线中有电流流动，电线就会产生磁性。电磁铁正是利用电的这种特性制成的磁铁。

将电能转变为磁能

我们将磁铁所具有的能量称为磁能。电磁铁是一种将电能转化成磁能的装置。电磁铁比一般磁铁的用处多。因为电磁铁通常比一般磁铁磁性更强，另外它自身磁性的强弱可随着通过电流的强弱发生改变。通过改变电流的方向，可以轻易地改变电磁铁的磁极；通过通断电流，可以控制电磁铁磁性的产生和消失。

搬动沉重废铁的起重机上挂着大大的吊钳，这个钳子可以紧紧抓住废铁并将其提起来。这个吊钳也可以由磁铁制成。当然，这里使用的磁铁可不是一般的磁铁，而是电磁铁。因为一般磁铁始终有磁性，

电磁起重机

不能轻易卸下已经贴在自己身上的废铁。

电磁起重机的力量非常强大，可以拉起汽车，将其移动到指定的位置后，再把它放下来。因为电磁铁可以通过关闭电源让其磁性立即消失，这样就能够轻松地放下吊着的货物。电磁起重机可以说是利用电能转化的磁能抬起或转移重物的装置。

一种技术的产生，通常会为另一种新技术的产生奠定基础。1821年，英国科学家迈克尔·法拉第（Michael Faraday）受到奥斯特实验的启发，以电磁铁为基础，制造了将电能转化为机械能的装置。这个装置就是电动机。

电动机是由构成旋转轴的金属棒和两根固定的普通磁铁棒组成的。给金属棒通电，电流通过的金属棒产生磁性成为电磁铁，开始围绕两根固定的普通磁铁棒旋转。因为电磁铁的磁场和普通磁铁的磁场相互作用，磁极的排斥和吸引使得通电的金属棒产生了连续运动。构成电磁铁的金属棒在旋转的过程中，它的N极会不会和普通磁铁的S极相互吸引呢？答案是不会。每当电磁铁运转时，电磁铁的两极会不断变

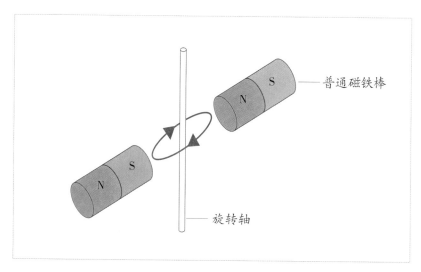

普通磁铁棒

旋转轴

电动机的原理

换，从而使构成电磁铁的金属棒不停地运转。法拉第的发明不仅限于电动机。如果说电动机是将电能转化为机械能的装置，那么法拉第反其道而行之，后来又发明出了将机械能转化为电能的装置。这个装置正是发电机。发电机和电动机在能量的转化方向上是相反的。用机械力带动金属线圈在普通磁铁构成的磁场中旋转，金属线圈就会产生电流。发电厂中的发电机就是通过机械能转化成电能的方式来生产电的。

与人类共同
发展的能源

所有生物都是能源循环装置

　　在距离南美洲大陆西岸约1000公里的大海上，分布着19座火山岛和众多参差不齐的暗礁，这就是科隆群岛。1835年，26岁的英国科学家查尔斯·达尔文跟随一艘名为"小猎犬"号的勘探船到达了这里，并在这里发现了许多奇特的生物。这些发现为"进化论"的形成提供了有力证据。在科隆群岛，有很多陆地上看不到的生物，还有世界上其他地区都不存在的物种，如海鬣蜥。

　　鬣蜥是生活在南美洲大陆的体长和成人身高差不多的大蜥蜴，主要以食植物的嫩草和果实为生。如果被什么东西吓到，鬣蜥就会跳进河里藏起来。但是能在海里游来游去的鬣蜥只有科隆群岛的海

　　　　　　　第三章　与人类共同发展的能源

鬣蜥。

海鬣蜥非常喜欢日光浴。在科隆群岛的多个岛屿上，经常看到趴在岩石上晒太阳的海鬣蜥。海鬣蜥为什么拒绝阴凉，在地球赤道炎热的海边晒太阳呢？

海鬣蜥等爬行类动物的体温会随着周边温度的变化发生些许的改变。它们的体温在寒冷的地方会下降，在温暖的地方会升高。我们将这种动物称为"冷血动物"。体温一旦发生变化，动物的身体状态也会发生变化。体温如果过低，动物的身体机能就会下降，导致其无法正常活动。

让我们来看看海鬣蜥的生活，了解一下它们是如何调节体温并生活的吧。

海鬣蜥的主要食物是岩石上的海草。因为拥有利爪，它们不用担心会被海水冲走并可以吃到海草。在饱食海草的过程中，海鬣蜥的身体会渐渐变得迟钝。海水的温度比海鬣蜥的体温低。即使肚子饱了，体温下降的话，身体机能就会下降，导致食物没有办法正常消化。因此它们必须爬到海边的岩石上晒太阳，这样体温就会升高。晒太阳可以让它们的身体再次变得活跃，胃里的食物也得到充分的消化。这样，海鬣蜥又能以轻盈的身姿潜入大海去吃海草了。

冷血动物和温血动物

所有动物都要依靠食物维系生命。消化后的食物蕴藏着动物进行生命活动所需的化学能。这些化学能会做很多工作，例如使肌肉运动，让身体发热来维持体温。我们的身体机能得以正常运转，靠的是体内的化学能转化成肌肉运动等所需的机械能和维持体温的热能。

当海水中的海鬣蜥体温下降，它们是不是可以用体内的化学能转化成热能来提高体温呢？当然，这是可以的。但它们在岛石上晒太阳，体温会升高得更快，而且还不费什么劲。像海鬣蜥这样的冷血动物利用太阳光等自然能源的能力很强。

长时间晒太阳，体温升得过高怎么办呢？海鬣蜥会在岩石或者树

海鬣蜥

68

荫下冷却身体。它们还可以改变身体的颜色，体温高的话会变为亮色，体温低的话变为暗色。因为明亮的颜色能很好地反射光热，深暗的颜色则可以更好地吸收光热。

与海鬣蜥不同，人是体温恒定的"温血动物"。

冷血动物在寒冷的地方体温会下降，无法进行觅食等活动。但温血动物可以利用身体散发的热量维持体温，所以即使在有点冷的地方它们也可以出来活动。人类可以通过穿很厚的衣服度过寒冬。当然，即便是温血动物，在非常寒冷的地方也会被冻死，也需要找个温暖的地方晒晒太阳。

生物在进食消化的同时，会将食物转化成化学能存储在体内。然后，将化学能转化为机械能使身体活动，转化为热能维持体温。从肉眼看不到的细菌到体型硕大的鲸鱼，所有生物都像是一套能源循环装置——它们通过食物获得能量，并通过能量的转化和释放维持着自身生命的存在和延续。

能源的使用和文明的发展

所有生物都利用能源来生存。生物生存所需要的能源大部分通过食物来获取。当然，阳光和风等自然能源对生物来说也非常重要，冷血动物需要阳光来维持体温，很多植物利用阳光来制造自身生长所需的养分。动物们利用了太阳的热能，植物们则利用了太阳的光能。此外，候鸟们还借助风能实现长距离的迁徙。

很久以前，人类和其他动物生活得差不多。但是不知从何时起，人和动物变得不同起来，过上了有智识的生活，开始有意识地利用自然资源改善生产和生活，产生了文明。人类发现并使用火，是人类迈向文明的一大步。

火就是像木头这样的燃料燃烧时发出的热和光。让我们再回想一下点燃祭坛火炉开启神殿自动门的故事吧。燃料是一种化学能源，点燃后会将化学能转化为热能和光能，顿时四周就变得温暖和明亮起来。

火的使用带来的变化

学会使用火意味着人类可以主动地利用热能和光能。在发现火之前，人类只能生吃食物，过着茹毛饮血的生活，再寒冷的夜晚也只能蜷曲在漆黑的洞穴中瑟瑟发抖，内心充满了恐惧和无助。但随着火的使用，很多事情发生了改变。有了熊熊燃烧的篝火，食物就可以煮熟或者烤熟后食用。烧熟的食物比生的食物更美味，营养物质也能更好地被消化吸收，人类的身体状况得以大大改善。

洞穴里也变得温暖起来，即使到了深夜，篝火也照亮着原本漆黑的洞穴。有了篝火，人们在晚上也能从事更多活动，分享白天打猎的种种经历，在洞穴的墙上画画。只要有火，即便在高寒的地方也能维持生存。正是因为学会了生火，我们远古的祖先度过了冰雪覆盖的冰河期。

据考证，人类开始用火是在190万年前。起初人类使用雷击和火

山爆发等自然灾害引发的山火的火种，之后学会了钻木取火和击石生火。人工生火就是把机械能转化成热能的过程。

我们把易燃物质称之为燃料。古人最先使用的燃料是干草和树枝。随着时间的推移，动物的干粪也被用作燃料。非洲的土著人至今仍把干燥的牛粪用作燃料。

大约4000年前，中国人就开始使用煤炭了。自此，煤炭成了人类获取热能的主要燃料。大约2000年前，人类开始使用石油。在内燃机出现以前，石油主要是用作照明的燃料。人们用石油中提炼出来的煤油制作油灯，照亮黑暗。

随着文明的发展，人类从大自然中获得了更多的能源，这些能源转化出更多的机械能。大约在1800年前，欧洲人制造出了叫作水碓的水车。水碓是借助溪谷中的水流来工作的。

前文中我们介绍过，水碓是利用从引水槽里落下来的水推动水车转运最终实现舂米的。换句话说，水碓是将水的重力势能转化为推动水车转运的机械能。但是欧洲人制造的水碓是直接将流水的机械能转化成推动水车转运的机械能的装置。①

----

① 欧洲的水碓，俗称"水磨坊"，一般建在河边，依靠流动的河水的动能来碾磨谷物。其实，流水的动能，是由水的重力势能转化而来的。我们平时所说的"水往低处流"，就是水的重力势能在起作用。动能和势能统称为机械能。——编者注

风　车

人们将水所蕴藏的能量叫作水能，风所蕴藏的能量叫作风能。

人类利用风能的时间要比利用水能的时间晚。大约1000年前，波斯人利用风能制造出了被后人称为"风车"的装置。

现代的风车像个硕大的风扇，但是波斯人制造的风车的外形却像个帆船——柱形轴的两侧装有像船帆一样的篷，风吹到篷上，篷就借着风力绕着轴一圈圈地旋转。

人们学会了使用火，使用水能和风能，就这样过了数千年。在这几千年里，人类从事耕种，组成了村庄，建立了国家，离开自己生活的故乡到新的世界探险。随着生产的粮食越来越多，人口数量也大幅增加，人类创造了辉煌灿烂的文明。

关于文明和能源的关系，美国人类学家莱斯利·怀特（Leslie A.White）这样说道："人们可以使用的能源数量越多，文明就越能发展。"

引领工业革命的瓦特蒸汽机

对于古代的人们来说，他们最需要的就是像人力这样的动力资源。像耕田、搬运粮食、用碓舂米这样的工作都特别耗费人力。

"怎么样干活才能又快又省劲呢？"

人们一直苦苦思索着。后来人们开始驯养牲畜，学会了利用水能和风能，人类从动物和大自然那里获得了动力资源。特别是学会驯化牲畜，使人们不再像以前那样疲惫。马和牛可以驮重物，牛还可以耕田犁地。有了这些，人类并未止步，依然继续寻求着未知的动力资源。

在美国科学家富兰克林揭示了闪电的真相后，欧洲的一位名叫詹姆斯·瓦特（James Watt）的技术员又做出一个令世人赞叹的壮举——

发明了人类第一台高效的具有实用价值的"蒸汽机"。这台通常被称为"万能的原动机"的机器就是将化学能源转化为机械动力的装置。蒸汽机是依靠蒸汽来工作的动力装置。

蒸汽机的工作原理很久以前就被人类掌握了。2000年前，就已经有人利用蒸汽的力量来驱动机器，这个人正是制造了神殿自动门的希罗。

水煮沸的话会变成气体，我们将这种气体称为"水蒸气"或者"蒸汽"。水变成水蒸气时，体积会膨胀约1600倍，因此滚烫的水蒸气的压力非常高。希罗正是利用这种现象制作出了自动门这个非常有趣的装置。

希罗的汽转球

首先，锅子里竖着两根柱形管子，一个空心的金属球被安置在两根管子中间。金属球的两端各插了一根L形的弯管。希罗往锅子里加了一半的水，并点燃了锅下面的火。过了一会儿，插在金属球上的两个弯管冒出了热气，金属球开始一圈圈地旋转起来。

这个被称为"汽转球"的玩具，其运作原理非常简单。蒸汽喷出时，金属球因为其反作用力而旋转，就像喷着火焰升空的火箭一样。那么，汽转球是怎样实现能量转化的呢？

给锅点火，燃料的化学能就变成了热能。水煮沸后，热能就会转化为水蒸气的机械能。后来，水蒸气的机械能反作用于金属球，使其转动。换句话说，希罗的汽转球是一个将燃料的化学能转化为让金属球旋转的机械能的装置。

希罗的汽转球

希罗的汽转球是一台表现优异的蒸汽机。如果用蒸汽机驱动马车的轮子，那么即便不靠牲畜拉车，马车也可以行驶；如果用蒸汽机驱动水碓和风车，那么即便没有水和风，也可以加工稻米。

但是说来说去，希罗的汽转球只能算是个玩具。真正具有实用价值的蒸汽机是在希罗去世约1700年后登场的。

1769年的一天，英国的一个煤矿发生了一桩历史性事件——瓦特的蒸汽机成功启动了。蒸汽机中最重要的部分是汽缸和活塞。每当热水蒸气填充汽缸时就会挤出活塞，进而连接活塞的曲柄连杆就会将活塞的往复直线运动转变为曲轴的旋转运动。

瓦特的蒸汽机最初被用作抽取煤矿坑道地下水水泵的发动机，后

　　　　　第三章　与人类共同发展的能源

用蒸汽机驱动的马车

来渐渐得到了广泛应用。人们不仅用它替代牛和马来驱动马车的轮子，还用它制造出了蒸汽火车和蒸汽轮船。

蒸汽机在工厂里也起了很大的作用。由它驱动的纺纱机和织布机可以纺出更多的纱，织出更多的布。

借助蒸汽机，工厂可以制造出更多的东西。因为它可以不分昼夜地为机器运转提供动力。只要为蒸汽机提供足够的燃料，它所驱动的机器就会一刻不停地做原本由人来做的工作，不知疲惫，也不需要休息。得益于此，工厂堆满了机器生产的货物，然后这些货品被装上蒸汽机车和蒸汽船销往世界各地，人们的生活从此变得富足。与有了蒸汽机的日子相比，原来靠水碓和风车勉强度日的生活根本不值一提。后来，历史学家将这个由蒸汽机引发的产业大发展称为"工业革命"。

燃烧石油获得动力的内燃机

　　即便获得了好的能源，如果没有可以使用这些能源的装置也同样无济于事。煤炭作为燃料使用大约是从4000年前开始的。但是在蒸汽机出现以前，煤炭仅仅是用来为人们取暖的。石油也是一样。在能够高效利用石油的杰出装置出现之前，它也不过只是比煤炭质量更好，更方便取用的燃料而已。你是不是想问，高效利用石油的杰出装置到底是啥？那就是被叫作"内燃机"的发动机。

　　内燃机也像蒸汽机一样配有汽缸和活塞。蒸汽机是将煤炭在汽缸外燃烧，而内燃机是将石油在汽缸内燃烧。"内燃机"一词中所谓的"内燃"就是燃料在机器内部燃烧的意思。

我们将发光发热的化学反应称为"燃烧"。蒸汽机锅炉里的煤蹿着火苗就是燃烧。但是在内燃机里石油的燃烧和煤的燃烧有些不同。与其说石油在燃烧，倒不如说石油在爆炸更为准确。事实上，爆炸也是燃烧的一种。我们将物质在极短时间内的燃烧现象称为爆炸。

如果想在内燃机的汽缸里引爆石油，首先要将石油变成气体状态，然后喷出火花点燃气态石油引起爆炸，从而产生巨大的压力。在瞬间释放的巨大压力下，活塞被推动开始做往复直线运动，进而带动连接活塞的曲柄连杆做轮转圆周运动。

汽油和柴油

比起煤炭作为燃料的蒸汽机，石油作为燃料的内燃机拥有更多的优点。即便是很少的一点石油，也可以转化出很大的动力，从而大大减小发动机的尺寸。这样，内燃机渐渐取代蒸汽机成为工厂新的动力源泉。机车和船舶也换上了内燃机，汽车因为安上了小巧而有力的内燃机跑得更快了。

许多无法用蒸汽机驱动的运输工具因内燃机的发明诞生了。其中之一就是飞机。此外，原本脚踏的自行车因装上了小型内燃机就诞生了一种新的运输工具——摩托车。大部分汽车使用汽油和柴油作为燃料。另外，还有一些将液化石油气（liquefied petroleum gas，缩写LPG）作为燃料使用的汽车。那么，汽油和柴油是什么，液化石油气又是什么呢？

我们把从地下抽出的石油叫作原油，原油中掺杂着各种物质。从原油中提取出各种有用产品的过程叫作"炼油"。炼油的方法很简单，只要稍微提高一点温度，原油中的许多物质就会蒸发出来。

加热原油的话，最先溶入原油的气体物质会蒸发出来，将这种蒸发的气体压缩成液体就得到了液化石油气。如果原油的温度再高一点的话，被称为挥发油的物质就会蒸发出来。挥发油虽然平时会保持液体的状态，但是具有易蒸发的性质。有时挥发油专指为汽油，将汽油作为燃料使用的发动机被称为"汽油发动机"。

原油的温度继续升高，就可以依次得到煤油和柴油。煤油多用于取暖和照明的燃料，柴油多用于发动机的燃料。将柴油作为燃料使用的发动机称为"柴油发动机"。柴油汽车是用柴油发动机驱动的汽车。

炼油厂

电能开启信息时代

1825年2月，离开家乡的美国画家塞缪尔·莫尔斯（Samuel Finley Breese Morse）在华盛顿特区进行肖像画创作。一天，他收到了父亲从家乡寄给他的一封信。信中说刚刚生下第三个孩子的莫尔斯夫人病得很重。莫尔斯急忙赶回了在新罕布什尔州的家。当莫尔斯赶到家中时，妻子的葬礼已经结束了。

没能见上深爱着的妻子最后一面，莫尔斯心中如刀割般的痛苦。如果妻子病重的消息能早一点知道，妻子的葬礼兴许就能赶上。但是没有办法，当时用马车派送的信件从寄件到收件需要花去4天的时间。从此，莫尔斯下决心找到一种能够迅速传递信息的方法。

莫尔斯编码的发明

我们将关于某一事件的消息或资料称为"情报"，将传递情报的过程称为"通信"。通信在我们的生活中非常重要，因为只有及时知道了在什么地方发生了什么事，以及事情是如何发生的，才能够正确应对。近些年来，有关暴雨、地震、海啸等自然灾害的预警讯息通过手机几乎可以实时传达给我们每个人，这种通信的迅捷在过去是无法想象的。

古人也发明出了种种方法传达情报。在距离较近的地方通过击鼓敲锣传递情报，在漆黑的夜晚利用火把传递情报。此外，人们还在鸽子腿上绑上纸条来远距离传递消息。

传递情报也需要消耗能量。锣鼓是用声能来传递信息，火把是用光能来传递信息。鸽子是利用动物的机械能来传递信息。

在富兰克林通过风筝实验证实了闪电的电性质后，科学家们开始寻找利用电能传递信息的方法，最终发明了电报机。

电报机的原理非常简单。电报机发出信号的部分，即发报机通过按键接通或切断电流的方式发送信号。接收信号的部分，即收报机是一块电磁铁。将距离遥远的发报机和收报机用电线连接起来就构成了电报机。按下按键接通电流，电磁铁启动。按键抬起切断电流，电磁

国际莫尔斯电码

1. 划的长度为3单位(点的长度为1单位)。
2. 字母当中每个部分的停顿长度为1单位。
3. 字母之间的停顿长度为3单位。
4. 单词之间的停顿长度为7单位。

国际莫尔斯电码

铁就会停止运转。

莫尔斯认为控制发报机按键按下时间的长与短就能够发出各种信号，将按键接通电流的短和长分别表示为点和划，通过点和划的不同组合制作出电码。并且，他还对英文字母和数字用指定的点划组合来表示。这种电码被人们称为"莫尔斯电码"。经过10多年的研究，莫尔斯成功地发明出电报机。1844年5月24日，莫尔斯通过他的发报机成功地从华盛顿向巴尔的摩市发出了人类第一封长途电报。由此，用电能传递情报的新时代开始了。

长久以来，人们使用了很多能源。随着文明的传播，使用能源的种类也变得多样，使用的能量也增多了。对于古人来说，最需要的能量是机械能，它主要是从人类自己的身体或者家畜中获取。

84

吊　扇

随着时间的推移，水碓和风车等装置的发明给人类带来更多的机械能。它们可以将水和风等自然能源蕴藏的机械能轻松地转化为推动机器运转的机械能。后来，蒸汽机引领了工业革命，内燃机开启了汽车时代的大门。

蒸汽机和内燃机是将燃料的化学能转化为机械能的装置。

蒸汽机和内燃机刚刚出现时，大部分的能量消耗都是在生产领域发生的，人类对能够把其他形式的能转化为推动机器运转的机械能的装置需求旺盛。现在，在生活领域，个人和家庭消耗着大量的能量，同时对能量种类的需求也变得多样。

能量需求的多样化催生了我们对家用设备需求的多样化，因为丰富了我们生活的那些产品许多都是能量转换的设备。这些能量转换的设备，无论是个人使用还是家庭使用，都有一个共同的特点，就是它们大部分都需要使用电能。

电话和音响是把电能转换成了声能，电灯是把电能转化成了光能，电视和电脑则是把电能转化成了光能和声能。

空调、电暖器和冰箱是把电能转化成了热能，电风扇和洗衣机则是把电能转化成了机械能。

电能在工厂、写字楼、大型商场、连锁超市等场所应用广泛。和家庭一样，这些场所也依靠电能转换成的其他能量维持运营。莫尔斯发明电报机之后，电能成为通信领域的必需。

87

支撑现代文明的化石燃料

人类从很久以前就开始使用各种能源。我们将提供大量能量的物质和自然过程叫作能源资源，主要的能源资源随着时代的变化而变化。在工业革命之前，最重要的能源资源是家畜和干柴。工业革命之后，由于煤炭是蒸汽机的燃料，它成为当时主要的能源资源。工业革命之所以在英国兴起，其中的一个原因就是英国有着非常丰富的煤炭资源。

工业革命发展到19世纪中期，家畜、干柴和煤炭的消费量几乎差不多。到了20世纪初期，煤炭的消费量超过了全部能源资源消费量的一半。后来随着内燃机的发明，石油的消费量开始渐渐增加。此外，

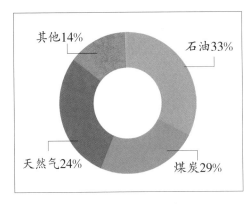
2016年世界能源资源消费状况

天然气的消费量也大幅增加。像石油、煤炭、天然气等这样的地下资源被称为化石能源或化石燃料。

这些燃料是由古代生物的遗骸埋在地下经过千百万年的演变形成的。

化石燃料是支撑现代文明最重要的能源资源。根据《2016年世界能源资源报告》，煤炭、石油和天然气的消费量占整个能源资源消费量的86%。其中，石油的消费量最多，约占33%；煤炭和天然气的消费量分别占29%和24%。

化石燃料的广泛使用

化石燃料的消费占比这么高，它们到底都用在了哪里呢？先来看看我们的家里。除了煤气灶，好像没有什么需要使用化石燃料的地方，看到的都是像电灯、手机、电饭锅、空气炸锅、电视、音响等使用电能的家电产品。那么，这么多的化石燃料到底去了哪里呢？其实，我们一时都离不开的电能，多是由这些化石燃料生产出来的。

发电的设施叫作发电站。根据发电机能量来源的不同，发电站分为火力发电站、水力发电站和核能发电站。

火力发电站的工作原理和蒸汽机的工作原理差不多，它利用煤炭、石油、天然气烧水产生的水蒸气的力量转动发电机。火力发电站是将燃料的化学能转化成电能的设施。

水力发电站的工作原理和水碓的工作原理差不多，它利用从高处坠落的水的力量转动发动机。水力发电站多建在江河和溪谷上，它是把水的重力势能转化为电能的设施。

像铀原子核一样重的原子核会分裂成两个或多个质量较小的原子核，在它们分裂的过程中会释放巨大的能量。核电站就是利用这些能量烧水生成水蒸气驱动发电机发电的。我们将原子核发生裂变释放的能量称为核能或原子能。核电站是将核能转化为电能的设施。除了上

水力发电站

核电站

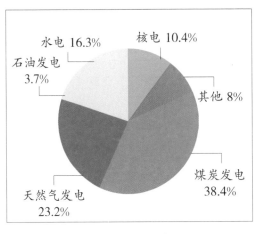

水电 16.3%　核电 10.4%

石油发电 3.7%

其他 8%

煤炭发电 38.4%

天然气发电 23.2%

2016年全球电力生产结构

述这三种发电站，还有利用地热、风力、阳光等能源发电的发电站。但是这些发电站生产的电量并不多。

根据《2016年世界能源资源报告》，燃烧煤炭、石油、天然气发电的火力发电站生产的电量超过了全部生产电量的65%，水力发电站和核电站生产的电量占到了27%，利用其他能源生产的电量占到了8%。可以说，目前我们所用的电大部分是由化石燃料转化来的。

火力发电站使用的化石燃料大部分是煤炭和天然气，汽车、船舶、飞机这些重要运输工具的主要燃料是石油。因此在全部的能源资源消耗中，化石燃料所占的比例高达86%。

化石燃料是引领工业革命的能源资源，也是支撑现代文明的最重要的能源资源。但是，俗话说"阳光越亮，阴影越深"，给我们带来了便利和富足生活的化石燃料，正在让我们的未来变得黯淡。

因化石燃料的过度使用
而患病的地球大气

1952年12月4日的清晨，英国的首都伦敦像往常一样迎来新的一天。然而，与黑灰色的天空连成一体的浓雾笼罩了整个市中心。

"这是怎么了？今天的雾有点严重呀。""是啊！太阳出来会好点吧。"

起初，人们只是觉得今天的雾比平时的更浓。然而这次的雾和往常的不太一样。四周的乌云像塌了下来，时间越长浓雾越重。

最终人们连眼前的东西都看不到了。不仅是公交车和私人轿车，连救护车也停止了运行，所有的户外活动都被取消了。浓雾从门缝里钻进了各家各户。人们因为刺鼻的雾气而无法正常呼吸。

"咳咳咳！"

到处都是咳嗽声。呼吸道疾病让小孩和老人开始一个个倒下。12月9日，狂风大作，才吹散了多天不散的烟雾。最终浓雾造成了4000多人死亡，数万人患病。

伦敦，这个工业革命开始的地方，到底发生了什么事？

伦敦雾霾事件

12月4日的早上，伦敦的天空被厚厚的云层覆盖着，云层遮挡住了阳光。当时正值寒冬，伦敦的市民用煤炭取暖，家家户户都冒着黑烟。

在伦敦的市中心，工厂鳞次栉比，这与工业革命重镇的称谓不谋而合。工厂燃烧煤炭来驱动蒸汽机，制造了大量的产品。就这样，伦敦被工厂和住宅源源不断排出的烟尘熏得脏兮兮的。

平常的日子，会有风来把烟雾吹散。但4号那天一点风都没有，整个伦敦市区就像一座门窗紧闭的礼堂。越来越大的烟气和空气中的水汽结成了灰蒙蒙的烟雾。我们将这种现象称为"雾霾"。那天笼罩在伦敦上空的烟雾就是雾霾。

煤炭燃烧产生的废气中有一种叫二氧化硫（SO_2）的气体。二氧化

　　　　　　　　第三章　与人类共同发展的能源

硫毒性非常强，它通过呼吸进入人体肺部，会引起肺炎或哮喘等呼吸道疾病。伦敦市民正是被这种叫二氧化硫的毒气折磨了好几天，遭受了巨大伤害。

雾霾问题并不是第一次出现。1930年，雾霾袭击比利时的马斯河谷工业区，造成60人死亡。1948年，雾霾袭击美国宾夕法尼亚州的多诺拉小镇，造成20多人死亡，7000多人患病。

雾霾事件并不只是发生在20世纪。2013年，中国的哈尔滨市被浓雾笼罩，能见度只有50米。学校停课，机场关闭，因呼吸道疾病去医院就医的患者也比平时增加了23%。

我们将环绕地球的气体称为空气或大气，大气是由氮气、氧气、二氧化碳、水蒸气等气体和灰尘组成的。我们看见的蓝色天空就是大气。干净的大气可以让我们自由安心地呼吸，但是燃烧化石燃料产生的各种废气过量排入，大气就会变脏。我们将这种现象称作大气污染。

雾　霾

大气污染现象是随着煤炭等化石燃料作为重要的能源资源被大规模使用出现的。大气污染就像是工业革命的夺目光环所留下的阴影。但是化石燃料的危害并不只是污染了大气，或许它还会对人类的未来造成毁灭性的破坏。

　　曾经大大推动现代文明发展的化石燃料或许会将人类的文明带向尽头，这实在是一件可怕的事情。那么，究竟会有怎样的灾难发生呢？人类该怎么做才能避免呢？想要探求答案，首先让我们从太阳和地球的关系说起。

第三章　与人类共同发展的能源

哺育地球生命的
太阳能

拯救所有生命的神

1954年5月，一位考古学家在胡夫金字塔城墙下的地洞里发现了一艘船。船是用木头做的，长约44米，宽约6米。人们不禁要问，古代埃及人为什么要在地下埋着这么大的船呢？

古埃及人崇拜太阳神。太阳神的名字叫"拉"。拉每天早晨乘坐一艘被称为"太阳船"的船从东边的地平线升起，横穿天空后向西边的地平线落下。然后太阳船彻夜沿着地下的江河从西向东移动，这样第二天的早晨就可以再次从东边的地平线升起。可以说，太阳船是太阳神的交通工具。

埃及的国王，就是法老，拥有着至高无上的权力，他的威严仅次

于神。

　　法老认为自己是拉的子孙，是神的化身，即使自己的肉体死亡了，灵魂也会再次复活走向神的世界。从地下发现的这艘船就是胡夫王为了死后走向神的世界而准备的太阳船，所以考古学家也将这艘太阳船称为"胡夫船"。

　　将太阳奉为神的不只是古埃及人，希腊人、南美洲的印加人都奉太阳为重要的神。韩国人的祖先也认为太阳是象征王权的天体。几乎所有地区的人们在很久以前就把太阳奉为了神，因为人们已经意识到了太阳的伟大和珍贵。

太阳和核聚变

太阳是主要由氢原子组成的星星。太阳之所以那么热那么亮，是因为太阳的中心一直有大事发生。太阳的中心温度和压力都很高，这里的氢原子核在高温高压下不断地融合成氦原子核，这就是核聚变。

前文中咱们说过核电站里发生的核裂变。另外，如果发生核裂变，隐藏在原子中的核能就会释放。核聚变要比核裂变释放更多的核能。太阳中心发生着的核聚变正是太阳的巨大热能和光能的来源。

当然，古人并不知道太阳上发生的这一幕。但是人类知道，太阳发出既温暖又明亮的光，对于包括人类在内的世间万物有着巨大的影响。

在伸手不见五指的黑暗中，东方的天际露出了鱼肚白，世间的万物睁开了惺忪的睡眼，大地也动了起来。人们沐浴着春天温暖的阳光，开垦田地，播撒下希望的种子。地里的种子被雨水浸湿，在阳光下温暖发芽。夏天来临，烈日烧灼着大地，所有的植物都利用阳光制造出养分，开花结果，生生不息。

不仅动物，人类也通过食用植物的果实获得生存所需要的能量。

秋天到了，人们用收获的果蔬和肉类制作出丰盛的食物，还举行了盛大的丰收庆典。

随着冬天的到来，太阳的气息变得微弱，世界似乎也在严寒中失去了生机。草都干枯了，动物们都躲到洞穴里去了。

崇拜太阳的印加人遗迹

这时的人们翘首以盼太阳神再次彰显它的荣耀。太阳神没有辜负人们的期望。第二年的春天，温和明媚的太阳再次高高地挂在天上，开始给沉睡的大地注入生机和活力。

古人认为不仅山川、江河、大海是神，太阳、月亮、星星也是神。神用神秘的力量管理着世界。太阳掌管着晚上和白天，掌管着天气和季节的变化，同时还哺育着世界万物。我们的祖先把太阳奉为神，不是应该的吗？

　　　　第四章　哺育地球生命的太阳能

地球是太阳能的仓库

太阳是巨大的能源宝库，它将大量的核能转化为热能和光能，向包括太阳系在内的宇宙空间喷发。我们将太阳所喷发出的能源叫作太阳能。太阳向宇宙空间释放的太阳能中，地球接收到的量非常小，只有约数十亿分之一。尽管如此，太阳给予地球的这一点点能量却能养活地球上所有的生物，是地球大气和海洋运动的源泉。

太阳比古人认为的最厉害的神还要伟大。现如今我们使用的几乎全部能源都是太阳给予地球的礼物。

植物从其根部吸收地下的水分，和叶子吸入的二氧化碳共同作为原料制造出养分。但是仅有水和二氧化碳还不够，合成养分的过程一定需要阳光，即光能的参与。正是吸收了光能，植物才能制造出养分，得以抽枝、长叶、开花、结果。

草食动物

因此，覆盖山川和平原的草木吸收着大量的太阳能。

草食动物以吃植物的叶子和果实为生，肉食动物又靠吃其他动物为生。动物将食物转化为养分存储在体内，养分会进一步转化为动物生长发育、新陈代谢以及运动所需要的能量。

既然动物们的能量来源是植物和其他动物，因此可以说动物体内贮藏的能量都源自植物生长所吸收的太阳能。

人是杂食动物，食用瓜果蔬菜和肉类为身体补充能量。而这些食物的能量最初都来自太阳能。因此说，人类是依靠太阳能才得以生存繁衍的。追根溯源，金字塔的建造工人所耗费的体能也是来自太阳能。

化石燃料是植物和动物的残骸

很久很久以前，由于地壳的变动，茂密的树林被埋到了地下。这

些埋在地下深处的草木遗骸在地壳的高温高压下变成了黑色的岩石，煤炭就这样产生了。此外，石油是很久很久以前包括藻类在内的海洋生物的尸体在地下受到高温高压的作用逐渐形成的燃料。换句话说，被称为化石燃料的煤炭和石油都源自植物和动物的残骸。植物和动物都是直接或者间接利用太阳能才得以生存的。因此，化石燃料中蕴藏着丰富的太阳能。

并不是只有植物、动物和人类所需的能量源自太阳能。地球上的种种能量，大部分都源自太阳的能量。

温暖的阳光洒满大地，地面的空气温度就会升高，吸收了太阳能的热空气就会上升。温暖的阳光也同样洒落在海面上，但是海洋周围的空气升温比陆地慢，因此大海上空的空气还是凉的，这股凉爽的空气会时不时地涌向陆地，形成空气的流动。我们将这种空气的流动称为"风"。风就是太阳能转化为空气动能的现象。

人们利用风推动风车磨面、风碓舂米，还利用风来扬帆远航。因此，风车和风帆的动力源泉也是太阳能。

江河湖海中的水受到阳光的照射，变成水蒸气进入大气。这时太阳能变成了水蒸气的动能。水蒸气上升到高空后，遇冷凝结成一个个的小水滴或小冰粒，这一团团的小水滴或小冰粒就是云。小水滴或小冰粒彼此碰撞，合并成大水滴或大冰粒，受到重力作用无法继续停留

地球所在的太阳系

在大气中，就形成了雨或者雪落到地面上。

将水从地势较低的江河湖海中移动到地势较高的山地中的正是太阳能。

落到地势较高的地面上的雨雪在山谷中汇集成河，流向低处。人类正好利用流水的重力势能来转动水碓。转动水碓的水能归根结底也是来自太阳能。

当然，并不是地球上的所有能量都与太阳能有关。例如，地热能来自地下滚烫的岩浆，核能是通过核反应从原子核中释放的能量。还有涨潮和退潮产生的潮汐能，绝大部分是由于月球的引力而产生的。

但是，人们古往今来所使用的能量多是由太阳能转化来的。

请环顾一下我们的四周。乌云中电闪雷鸣，雨雪湿润了干燥的山川和平原，狂风吹折了枝头。冬天的积雪被温暖的阳光融化，汇成小溪在山间流淌。鹰击长空，鱼翔浅底，驼走大漠，马踏平川……给自然万物注入活力的都是太阳能。是不是可以这么说，地球就是一个生机盎然的储满了太阳能的大仓库呢？

变热的地球

太阳的周围有很多行星在围着它转动。按照距离太阳由近到远的顺序，这些星体分别为水星、金星、地球、火星、木星、土星、天王星、海王星。由于距离太阳的远近不同，各个行星的环境也各不相同。距离太阳第二近的金星是一颗地表温度平均约为460℃的火球，而距离太阳最远的海王星则是地表温度平均约为−200℃的冰库。

距离太阳第三近的行星就是地球，它到太阳的距离不远也不近，地表温度维持在15℃左右，非常适合生物的生存。地球能够给生物生存提供如此适宜的环境还有一个原因，那就是它有厚厚的大气层，也就是整个星球被一层厚厚的大气包裹着。

只要不断地从太阳那里获得热量，地球就会变暖。但地球也向宇宙空间散发着热量。因为地球获得的热量和释放出去的热量几乎相同，所以地球总能保持一定的温度，即地球的平均温度。地球的大气层对维持地球平均温度的恒定起着非常重要的作用。

地球的大气起着类似温室玻璃窗的作用。温室的玻璃窗在接收阳光的同时能够阻挡温室内向外流出的部分热量。所以温室里面要比温室外面暖和。地球的大气也吸收阳光，同时挡住从地球流出的部分热量。其结果是，地球有了大气的保护而拥有更多的热量，并能维持地表的平均温度在15℃左右。我们将这种现象称为"温室效应"。

如果地球上没有大气的话，地球表面的平均温度会比现在下降约32℃，整个地球将会被冰雪覆盖。

地球变暖

约99%的地球大气是氮气和氧气，其中氮气约为78%，氧气约为21%。剩下的1%是包括氩气、二氧化碳在内的各种气体。在这些气体中，对温室效应有着巨大影响的是二氧化碳。二氧化碳的含量越多，温室效应就越明显，地球的温度也越高。

金星之所以是个灼热的星球，一方面是因为距离太阳近，另一方面是因为它的大气主要由二氧化碳组成，占比约96%。正是这些二氧化碳锁住了从金星向外流出的热量，导致星体那么热。

现在地球表面的平均温度约为15℃，但它并非一直如此。很久以前，地表的平均温度曾经降到过10℃。人们把这样寒冷的时期称为"冰河期"。在地球漫长的岁月里，冰河期降临过很多次。但就在刚刚过去的100年里，地球的平均温度上升了约0.6℃。

即便早晨和中午的气温相差10多度，我们也平安地度过了，温度升高0.6℃，又算是什么值得一提的大事呢？况且，人类无论天气冷热，都能维持恒定的体温。冷的时候我们靠身体发热来维持体温，热的时候我们靠出汗排热来维持体温。如果体温升高或是降低的话，身体就会出现大的问题。

健康的人体体温会保持在36.5℃～37℃，即便我们的体温仅升高或下降1℃～2℃，身体机能也会出现问题。

科学家预测，今后地球的平均温度会持续走高，并将这种现象称为"地球变暖"。如果把地球比作人的话，地球变暖就像是人得了感冒。

地球变暖不仅仅是一个国家的问题，也不是靠一两个国家的力量就能改变的。因此，全世界各国人民要齐心协力、持续关注这一问题，保证尽可能地减缓地球变暖的速度。

威胁环境的能源

地球变暖引起的大灾难

我们一般把地球北纬66度以上的高纬度地区叫作"北极"。北极的大部分地区是被称为"北冰洋"的广阔海域。北冰洋被欧洲、亚洲、北美洲的北部海岸环绕，是地球上吸收太阳能最少的地区之一，因此终年被厚厚的冰雪覆盖着。

在"冰国"北极地区生活着世界上最强大的捕猎者，那就是北极熊。它们要想在如此寒冷的地方维持体温，就需要很多的食物。北极熊最喜欢的食物是生活在冰冷海底的海豹。作为一种陆地食肉动物，北极熊之所以能够抓住海豹，多亏了覆盖着海面的冰层。因为海豹不是鱼，所以偶尔会为了呼吸将头伸出冰窟窿。这时在冰面上等待的北极熊就会

瞬间猎杀海豹。

但是近些年，北极熊遇上了大危机。因为地球变暖，北冰洋的冰层融化，北极熊无法再继续捕猎了。

北冰洋的冰川

地球变暖并不仅仅是北极地区存在的问题。因为地球变暖，南极地区的冰也在消失，在冰面上生活的企鹅也在遭受苦难。当然，这并不是说，只有企鹅和北极熊受到了地球变暖的伤害。如果南极和北极地区的冰层融化消失，海平面会逐渐升高。科学家研究发现，1870年到2004年间，地球的海平面上升了约20厘米，相当于每年上升1.5毫米。近些年来海平面上升的速度加快，每年大约上升3毫米。

海平面上升带来的威胁

海平面上升的第一个受害者是居住在南太平洋小岛的图瓦卢人。图瓦卢所属的9个小岛上居住着1万多人，这些小岛的最高处也超不过5米，国土的大部分也都是平地。因此，随着海平面上升，图瓦卢的岛屿会一个一个被海水淹没。数十年后，图瓦卢说不定会在地球上全部消失。

　　海平面上升，除冰盖融化的淡水流入大海的原因外，还存在着另外一个原因，那就是升高的海水温度。地球变暖加剧，意味着地球吸收的热量越来越多。这些热量进入大海，海水受热膨胀，推动海平面上升。

　　海水温度升高，还引发了另一种灾难，那就是越来越多的超级台风和超级飓风来袭。在热带海洋的洋面上，有时会形成直径达数百公里的巨大涡旋状的风。人们将在西北太平洋和中国南海生成的这种风称为"台风"，将在大西洋、加勒比海以及北太平洋东部生成的这种风称为"飓风"。台风和飓风每年都会出现。猛烈的风暴呼啸而来，

超级飓风卡特里娜

时常裹挟着暴雨袭击海边的城市。

2005年8月，一场名为"卡特里娜"的超级飓风袭击了美国东南部的新奥尔良。科学家把中心附近最大平均风速达到和超过51米/秒的飓风称为"超级飓风"，而"卡特里娜"的最高风速达到了每秒78米。很多建筑物被毁，汽车和船舶也被掀翻，1800多人失去了生命，经济损失高达1250亿美元。

台风和飓风依靠从热带海域获得的能量，即热带海洋所储存的热能得以形成。因此，海水的温度越高，形成的台风和飓风就越强烈。地球变暖导致海水温度升高，"卡特里娜"正是从这样的热带洋面上吸收了巨大的热量，进而成为超级飓风。

不仅在海洋上，地球变暖的危害也在陆地上发生。近些年来，世界上许多地方越来越频繁地遭遇暴雨和洪水侵害，荒漠面积也在逐渐扩大。随着地球变暖加剧，这种伤害也会越来越大。

因为地球变暖，北极熊的栖息地正在消失，岛国渐渐被大海淹没，一场场超级风暴袭击城市，地球因异常的气候变化不堪重负。那么，地球变暖这一巨大的灾难究竟是怎样造成的呢？

地球变暖的"元凶"——化石燃料

　　为了保持恒定的体温，人类的身体具有自我调节的功能。炎炎烈日下的人们会毛孔张开，大汗淋漓，这是人体通过汗液把多余的热量排出体外以维持正常的体温。相反地，冰天雪地中的人们毛孔紧闭，通过原地踏步或跑动增加身体的热量以维持正常的体温。

　　我们将生物在外界环境发生变化时保持体内环境相对稳定的倾向称为"稳定性"。如果把地球整体看作是一个生命体的话，这种"稳定性"也同样存在。让我们通过实例看看，地球是如何维持大气的二氧化碳浓度稳定的吧。

自然的稳定性

严重的山火发生了，林木熊熊燃烧，最终变成了一片片灰烬。树木燃烧排出了大量的二氧化碳。那么，大气中的二氧化碳浓度就会升高，气温也会因温室效应而上升。野火烧不尽，春风吹又生。温暖的天气促使新的树木和花草茁壮成长，山林又重新焕发了勃勃的生机。树木和花草吸收空气中的二氧化碳制造出养分。随着时间的流逝，茂密的山林吸收了大量的二氧化碳，最终大气中二氧化碳的浓度又恢复到了山火发生之前的水平。

但是这种稳定性并不是一直都能维持的。如果二氧化碳的量不断增加，直到自然无法承受，大气的稳定性就只能被破坏了。

很久很久以前，人类也是大自然的一分子。随着新工具的发明和新能源的发现，人类在一定程度上能够改造自然，使用能源的量也逐渐增多。火的发现大大增强了人类对能源的使用。但是，做饭，取暖，从矿石中冶炼出铜和铁，炼制陶土器皿，都要烧掉大量的木头和煤炭，这些过程会产生越来越多的二氧化碳。

其实，古人排放的二氧化碳的量并没有多少。大自然有足够的能力通过自身的调节来保持大气成分的稳定性。但是随着工业革命的到来，煤炭的使用量剧增，这种情况就发生了改变。空气中二氧化碳的

第五章 威胁环境的能源

量过度增加，打破了大气二氧化碳含量的稳定性。

与此同时，地球的平均温度也越来越高，全球气候变暖就出现了。

科学家们对过去150多年大气中的二氧化碳浓度和平均气温研究后发现，二氧化碳的浓度在工业革命发生后大幅度增加。随着石油和天然气的广泛使用，二氧化碳浓度的增速更快了。地球的平均气温虽时高时低、参差不齐，但整体上呈现越来越高的趋势。

影响地球变暖的不仅仅是二氧化碳。牛或羊等家畜在消化食物的过程中以及它们的排泄物发酵后产生的甲烷（CH_4），人类使用化肥产生的氮氧化物，被用作冰箱制冷剂的氟利昂（CFCs）等气体都对地球变暖有很大影响。

释放甲烷的奶牛

科学家把二氧化碳、甲烷、氮氧化物、氟利昂等气体称为"温室气体"。出乎意料的是，在相同数量的温室气体中，对温室效应影响力最小的是二氧化碳，但是在人类排放的温室气体中，增加数量最多的是二氧化碳，它占到了温室气体排放增量的80%多。因此可以说，对地球变暖影响最大的气体就是二氧化碳。

那么，大量使用化石燃料真的会导致全球变暖吗？有些科学家认为，地球的平均温度的上升只是暂时的现象，就如同地球的冰河期一样。冰河期的地球气温明显下降，但是冰河期过后地球又恢复了往日的温暖。但是大部分科学家认为，地球变暖是人为因素，是人类过多地焚烧化石燃料所致。

具有两副面孔的能源

俗话说："人是铁，饭是钢，一顿不吃饿得慌。"吃进的食物进入胃肠进行消化，产生人体可以吸收的营养物质。营养物质促进身体生长发育，并为人们正常的工作和生活提供能量。肚子饿了，学习就会无精打采，工作起来也困难重重。

在人体所需要的营养物质中，最重要的营养物质有三类，被称为"三大营养物质"——碳水化合物、脂肪、蛋白质。三大营养物质中产生能量最多的是脂肪。在我们爱吃的油炸食品一类的食物中含有很多的脂肪，1克脂肪能产生9000卡路里的热量；大米、小麦、土豆等食物中含有较多的碳水化合物，1克碳水化合物能产生4000卡路里的热量；牛肉或鱼等食物含有较多的蛋白质，1克蛋白质能产生约4000卡路里的热量。

我们身体中最主要的储存能量的物质不是碳水化合物和蛋白质，而是脂肪。这是因为脂肪是三者中释放能量最多的营养物质。人们长时间处于饥饿状态时，就会消耗储存在体内的脂肪为生命活动提供能量。

很久以前，大部分人的身体中都不能存储充足的脂肪。人们一整天都在为了寻找食物而奔波，但依然很难填饱肚子，身体无法获得足够的热量。长期以来，人们从事着繁重的体力劳动，消耗大量的能量，不可能有剩余能量存储在身体里。人们没什么像样的饭菜可吃，打水都需要走到很远的地方；在没有机器帮助的情况下，还需要终日下田种地；那时的人类没有洗衣机，洗衣服要到江边捶打。这一切都是那么的累人……

肥胖和地球变暖

相反，现在的人们吃到的食物很丰盛。相比而言，大多数人喜欢吃油腻的食物，也不怎么运动。与其走路，不如坐车；与其亲自跑到市场买东西，不如网上订购送货上门。大部分的工作也都是坐在电脑前面就可以完成。结果由于身体里的脂肪堆积过多，肥胖人口大幅增

2000大卡

5000大卡

12000大卡

77000大卡

能源

加。在不久的将来，全世界的肥胖人口将达到10亿。

肥胖会引发高血压、糖尿病以及心脑血管疾病。每年全世界死于心脑血管疾病的人数多达1700万。

此外，治疗肥胖症以及由肥胖引发的其他疾病花费巨大。目前，丹麦、法国、匈牙利等国家开始对含有较多脂肪的食品征税。肥胖成了人类的大麻烦。

如果说肥胖是人类自身出现的能源问题，那么地球变暖则是地球出现的能源问题。肥胖和地球变暖之间还有一个共同点——它们都是因为人类的过多欲望导致的问题。肥胖是由于人们摄取过多的能源导致的，全球变暖是因为人类消耗太多的能源产生的。那么，人类到底使用了多少能源呢？

大约100万年前，因为还没有发现火，那时生活在非洲的人类只能吃生的东西。植物的根茎、果实，猎物的肉等可以果腹的东西，都是生食的。那时一个人一天消耗的热量约为2000大卡[①]。这些食物热量只能满足人们生产生活的最基本的需求。

大约10万年前，生活在欧洲的人们每人每天大约消耗5000大卡的热量。烧火烤肉、洞穴里取暖和照明等都消耗热量。

[①]　千卡（缩写为kcal）的俗称，是将1千克水在1大气压下提升1℃所需要的热量。1大卡＝1000卡路里。——编者注

大约 5000 年前，人们可以驯养牲畜种庄稼了，这时每人每天大约消耗 12000 大卡的热量。

到了 15 世纪，人们开始利用水能和风能舂米磨面并开始烧煤获得热能。这时的每个人每天大约消耗 26000 大卡的热量。

工业革命后的能源消费迅速增长。为了驱动蒸汽机，需要消耗大量的煤炭。1875 年，欧洲人每人每天消耗的能量达到了 77000 大卡。1970 年，美国人每人每天大约消耗 23 万大卡的热量。与 100 万年前的人相比，现代人消耗的热量足足翻了 115 倍。

就像前面提到的那样，我们所使用的热量大部分来自石油、煤炭和天然气等化石燃料。那么人们究竟使用了多少化石燃料呢？美国生态学家杰弗里·杜克斯（Jeffrey Dukes）通过计算得出，1751 年工业革命开始至今的 200 多年里，人类消耗的化石燃料相当于地球上的植物经过 13300 年吸收存储的太阳能量。

现在，地球再也承受不了如此多化石燃料燃烧释放的二氧化碳，过多的二氧化碳给地球带来了深重的灾难。

另一个灾难——飘尘

我们呼吸的空气中飘荡着无数的灰尘。其中,人们把直径小于10微米(μm)的灰尘称为"飘尘",也称为"可吸入颗粒物";把直径小于2.5微米的灰尘称为"细颗粒物"。1微米等于百万分之一米,也就是0.001毫米。

飘尘的大小只有头发直径的五分之一,无法被鼻子和支气管过滤,通过肺部进入我们的身体。飘尘不仅会引发哮喘和肺部疾病,还会致癌。1952年造成众多人死亡的伦敦雾霾事件就是由飘尘引发的。

飘尘主要是来自汽车尾气排放和工厂特别是火力发电厂燃煤产生的污染物质。和地球变暖一样,飘尘污染也是人类将化石燃料作为主

要能源资源使用而产生的灾难。

韩国从2014年开始进行大气飘尘浓度预报，从2015年开始进行雾霾预报。

飘尘浓度是指1立方米（m³）体积的空气中所含飘尘的质量，即微克/立方米（μg/m³）。在飘尘预报的画面中还可以见到"PM10"或"PM2.5"的标识。PM10表示的是可吸入颗粒物浓度，PM2.5表示的是细颗粒物浓度。举例来说，如果PM10浓度为50，就意味着体积为1立方米的空气中包含着50微克的飘尘。

韩国环境部根据PM10和PM2.5浓度的不同将空气质量等级分为好、一般、差、非常差四个等级。拿PM2.5的浓度来说，PM2.5浓度在0～15表示空气质量是好的，在16～35表示空气质量一般，在36～75表示空气质量差，在76及以上表示空气质量非常差。

逐渐减少的飘尘

虽然近几年大家可能认为韩国的飘尘过于严重，但事实上韩国飘尘的浓度每年都在一点点下降。2004年首尔的PM10的年平均浓度是61，2017年下降到了44。2005年首尔的PM2.5的年平均浓度是36，2017年下降到了25。但在不同的地区、不同的季节，飘尘的浓度会有

手机显示的大气污染实时状况通报

很大的差异。在人群聚集的首尔都市圈，春天和冬天的飘尘浓度就比较高。此外，传统火力发电站和汽车数量的增长对飘尘的浓度也有影响。

2018年首尔以PM10浓度表示空气质量等级"差"和"非常差"的天数是21天，以PM2.5浓度表示空气质量等级"差"和"非常差"的天数是61天。但是如果按照世界卫生组织公布的空气质量标准，首尔以PM10浓度和PM2.5浓度表示空气质量等级"差"和"非常差"的天数分别是91天和121天。也就是说，2018年首尔的空气质量，平均三天当中就有一天是差的。

空气质量标准，韩国环境部与世界卫生组织有所不同。韩国环境部以PM10浓度和PM2.5浓度表示空气质量等级"差"的下限值分别是81和36，但世界卫生组织推荐PM10浓度和PM2.5浓度表示空气质量等级"差"的下限值分别是51和26。韩国表示，未来的空气质量标准要更加地靠近世界卫生组织的推荐标准。要想切实地减少飘尘带来的污染，需要人们付出更多的努力，给予更多的关注。

世界卫生组织微尘浓度等级表（8阶段）

年平均浓度（μg/m³）	最好	好	良好	一般	差	相当差	非常差	最差
可吸入颗粒物浓度 PM10	0～15	16～30	31～40	41～50	51～75	76～100	101～150	151以上
细颗粒物浓度 PM2.5	0～8	9～15	16～20	21～25	26～37	38～50	51～75	76以上

韩国环境部微尘浓度等级表（4阶段）

年平均浓度（μg/m³）	好	一般	差	非常差
可吸入颗粒物浓度 PM10	0～30	31～80	81～150	151以上
细颗粒物浓度 PM2.5	0～15	16～35	36～75	76以上

　　人类应该为解决地球变暖和飘尘等问题做出不懈努力。我们既要使用能源，又要最大限度地降低能源使用对地球环境造成的危害，那么我们该如何做呢？

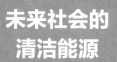

未来社会的
清洁能源

未来能源的希望——太阳能

　　2004年1月4日，一个探测机器人降落在火星表面。3周之后，也就是1月25日那天，又一个探测机器人降落火星。这两个分别名为"勇气号"和"机遇号"的探测机器人开始在火星表面搜索生命迹象，探测火星的气候和地形特征。两个探测机器人的预期寿命都是3个月，但是"勇气号"一直工作到2010年才停止运转，"机遇号"则一直在火星上工作了15年，直到2019年2月才结束使命。

　　任何装置要想启动都必须获得能量。一个火星探测机器人需要驱动6个轮子在火星的地面移动。此外，它还需要启动照相机和各种实验设备，并与地球进行通信。那么，探测机器人究竟使用了什么样的能

正在接受检查的"勇气号"

源呢?

火星探测机器人的样子就像是张开翅膀的汽车。闪光的翅膀是将阳光转化为电的装置,叫作"太阳能电池"。"勇气号"和"机遇号"用太阳能电池提供的电力启动所有装置。因此,只要太阳能电池不发生故障且有阳光照射,就会有持续不断的能量供应。这就是"机遇号"能够在火星上工作15年的秘诀所在。

利用太阳能转化为电能

电能是非常干净且方便的能源。它不会污染大气,也不会引发地球变暖。如果我们把所有的能源都转化为电能,是不是就可以解决地球变暖的问题了呢?从道理上讲这是对的,但是存在一个前提——生产电的过程不可以使用化石能源。

目前我们所用的大部分电都是由火力发电站生产出来的,哪怕给电动汽车充的电也是一样的。虽然火力发电站生产出的是清洁的电能,但是这并不能阻止地球变暖的趋势。因为火力发电是通过燃烧煤炭、石油以及天然气等化石燃料来发电的,这个过程会产生大量的温室气体。

通过焚烧化石燃料获得能量还有一个大问题，那就是埋在地下的化石燃料的量是有限的，是不可再生的。有科学家警告说，几十年后，地球的石油和煤炭资源将被用竭。化石燃料使用一次就会化为灰烬，还会排放污染物质。那么，有没有可以无限使用，也不会排放任何污染物的理想能源呢？科学家们一直在寻找、研发能够利用这种可循环再生能源的装置。太阳能电池就是其中之一。

　　利用太阳能电池可以直接将阳光，即太阳的光能转化为电能。利用太阳能电池发电的设施被称为光伏电站。近些年安装太阳能电池的路灯随处可见。就像"机遇号"能够自己发电实现移动一样，路灯可以自己制造照明所需要的电。

　　人们不仅可以把太阳的光能转化成电能，还可以利用阳光，即太阳的热能发电。用巨大的反射镜将反射的阳光集中到锅炉上烧水，用锅炉产生的水蒸气驱动发电机发电。我们将这类设施叫作"太阳能热电站"。人们还通过太阳能的集热装置收集太阳的热能将家里或者办公楼暖气管道中的水加热，这样不用消耗化石燃料或者电能也可以暖暖和和地度过冬天。

　　太阳能和化石燃料不同，它取之不尽，用之不竭，因为太阳在今后的数十亿年里都会一直发光发热。像太阳能一样，我们把循环再生的能源叫作"可再生能源"或"再生能源"。

用不尽的再生能源

有没有既不会引起地球变暖，又可以用之不竭的能源呢？很多科学家相信，前文中介绍的那些可再生能源是能够解决地球变暖问题的未来能源。

事实上，人类很早就开始使用可再生能源。晾晒粮食、制作鱼干或肉干所需要的阳光就是可再生能源，转动水碓和风车的水能和风能也是可再生能源。

水不断从高处流向低处，低处聚集的水又变成雪和云再次向高处移动。风也是一样。风是空气受太阳照射而发生的流动，它总是从气压高的地方不断向气压低的地方吹。

生物质能

从人类学会使用火的那一刻起，干柴就成为一种可再生能源。我们把树木、草、微生物、动物粪便这一类生物有机物质称为"生物质能"。在很久以前，人类就开始利用某些微生物酿造米酒和酱油，制作腐乳和奶酪。这些可以使食物发酵的微生物就是一种生物质能。那么，为什么说生物质能是可再生能源呢？

石油或煤炭等化石能源，是埋在地下的生物尸体经过数千万年乃至数亿年形成的，它们是可以耗尽的。而只要地球上的生物不消失，生物质能就能够持续供应。为了使用干柴而砍伐树木，只要及时栽种新的树木就可以源源不断地获得干柴。当然，不能大量砍伐森林，这会导致生态的破坏和部分生物的灭绝。因此，我们可以说，生物质能是用不尽的再生能源。

地下的岩浆所拥有的地热能和涨潮退潮所蕴藏的潮汐能都是可再生能源。只要地球的内部没有变冷，地热能就取之不尽；只要月球和海水没有消失，潮汐能就用之不竭。

过去的人们几乎都是直接使用再生能源，但近些年来，人类把这些可再生能源纷纷转化成电能进行使用。像光伏电站、太阳能热电站、水力发电站、风力发电站、地热发电站、潮汐发电站都是利用可再生

太阳能电池背板

能源发电。甚至现在人类还研发出了利用生物质能发电的技术。2016年的相关资料显示，包括水力发电在内的可再生能源发电量占到全球总发电量的24%，而且这一比重还在稳步上升。

大部分可再生能源还有一个共同点——都离不开太阳。太阳将低处的水抬升到高处，将地面和海水烧热产生了风，并让所有的动植物得以生存繁衍。追根溯源，水能、风能和生物质能都是从太阳能直接或者间接转化而来的。就像前文中说的，地球就是一个处处蕴藏着太阳能的大仓库。

核能的两面

有科学家主张，核能是替代煤炭和石油的最佳能源。1公斤的铀裂变产生的能量相当于3000吨煤燃烧释放的能量。如果多用核电站发电，就可以不用消耗那么多的煤炭。只需少量的核燃料就可以制造出丰富且干净的电能。这样看来，核电站不是解决人类能源问题的一个完美方案吗？

2011年3月11日，日本东北部海岸发生了9级地震，引发福岛核电站的原子核反应堆出现故障，放射性物质泄漏，污染了周边数十公里区域和附近海域。被放射性物质污染的生物因患病而痛苦地死去。

放射性物质一旦泄漏，不会马上消失。通常，放射性物质减弱到

切尔诺贝利

生物能够重新生存的程度需要数百年以上的时间。

核电站事故的起因不仅仅是自然灾害。1986年4月26日，苏联的切尔诺贝利核电站发生了放射性物质泄漏事故。事故是工作人员在对核电站进行发电性能测试时操作失误导致的。不仅仅是福岛核电站，切尔诺贝利核电站事故的影响至今还没有结束。像这样，核电站一旦发生事故，就会产生巨大而深远的危害。

比较安全的核聚变发电站

如果能找到彻底预防自然灾害或操作失误的方法，是否意味着可以杜绝核电站发生事故呢？即使没有事故发生，危害依然是存在的。核电站在发电过程中产生的带有核辐射的无用材料被称为"放射性废弃物"。因为含有放射性物质，放射性废弃物必须深埋在地下设施中，直到其放射性能减弱到安全的程度。但是，一旦放射性废物存放处的附近发生了地震，那该怎么办呢？

地震如果引起地下设施损毁，放射性物质就会泄露，严重的话就会导致核泄漏事故的发生。

核能发电的方式有两种。第一种核能发电的方式是我们熟知的，即利用铀核等重原子核分裂时释放的热能发电。第二种核能发电方式是"核聚变发电"。核聚变发电是利用氘、氚[①]等轻原子核结合成氦原子核时产生的巨大能量。太阳一直在剧烈燃烧，释放出巨大的能量，原因是太阳的中心不断发生着核聚变。由此，核聚变发电站也被称为"人工太阳"。

与核裂变发电相比，核聚变发电有很多优点。作为核聚变燃料的氢很容易获得，而且在核燃料质量相同的前提下，核聚变要远比核裂变释放的能量多。此外，核聚变废弃物释放出的辐射远不如核裂变废弃物释放的辐射多。因此，核聚变的废弃物不会像核裂变废弃物那样危险，也不用长时间保管。最后，与核裂变发电设施相比，核聚变的发电设施更安全。发生紧急事态时，只要停止供应燃料，核聚变就会立刻停止。

当然，核聚变发电也有缺点。核聚变发电的技术要求相当高，费用也很高。人类至今还没有完全掌握控制核聚变的技术，要想成功实现核聚变发电，还需要再等上几十年。

[①] 氘，音dāo，氚，音chuān，二者都是氢的同位素。——编者注

未来能源的选择和挑战

不排放二氧化碳等污染物质的能源被称为"清洁能源"。从这个意义上讲，核能也可以说是清洁能源。但是我不太愿意将产生可怕的放射性物质的核能称为清洁能源。说到能解决地球变暖和雾霾问题的真正的清洁能源，难道不是前面所说的可再生能源吗？但是，可再生能源也有需要解决的问题。

可再生能源的局限性

要想利用太阳能发电，就需要在广阔的平原地区建设光伏电站，一排排地摆放好太阳能电池板。因此，建造一座光伏电站，需要占用的土地面积是建造核电站所需土地面积的数十倍。像韩国这样一个多山的国家，缺乏建设光伏电站的平坦土地。我们不能为了给光伏电站提供土地而去砍伐树林。那样的话，不但不会保护环境，反而还会破坏环境。

水力发电怎么样呢？令人遗憾的是，水力发电也存在局限性。要想建造水力发电站，就要拦河建筑高坝，高坝截住了上游流下的河水，这会不同程度地破坏河流上下游流域的生态环境。此外，水力发电量受制于河流上游降水量的大小，因此发电效率总体较低。

那么，利用风能发电又怎么样呢？风力发电站利用风力推动电机上的巨大叶片获得电力。叶片转动发出的低频噪音会对电站周围包括人在内的生物造成很大伤害。蜜蜂有时会因为低频噪音迷失方向，一时间找不到回家的路。如果蜜蜂消失的话，自然会对生态系统造成很大的破坏。

让我们再来看一下潮汐发电。潮汐发电站是利用海水涨潮和退潮形成的落差进行发电的设施，因此它们要建在潮差大的海边。韩国西海岸的潮差之大在世界上也是数一数二的。因此，仁川市制订了在江华岛周边建设潮汐发电站的计划。

但是想要建设潮汐发电站，势必会对电站附近的滩涂造成破坏。

第六章　未来社会的清洁能源

冰岛地热发电站

滩涂在涨潮时被海水淹没，退潮时露出水面，是多种生物生活的宝贵家园。特别是位于韩国西海岸的滩涂，堪称世界五大滩涂之一，以拥有丰富的生态资源而闻名。如果在江华岛建设潮汐发电站，丰富的滩涂生态资源将被破坏殆尽。因此，江华潮汐发电站的建设计划受到了环保组织的反对。

那么，利用地下热量的地热发电站的情况是怎样的呢？利用地热烧水产生高压水蒸气推动发电机发电的地热发电站，不会受到像阳光、风、降水等气候条件的影响，建造时也不需要广阔的土地。但是它也存在着人们意想不到的隐患。要想从地热发电站获得热水，需要事先将高压水注入地下深处，这些高压的水会对地层产生影响，会引发小的地震。此外，多次发生小地震的地方，还可能发生大的地震。

2017年11月，韩国浦项发生了5.4级地震，造成了巨大损失。2019年3月20日，韩国浦项地震政府调查团举行发布会称，浦项地震是当时正在建设的地热发电站向地层注入高压水引起的。

浦项地震

除了上述所说的这些能源，未来可开发的清洁能源还包括氢燃料电池蕴藏的氢能。氢燃料电池是把氢气和空气中的氧气结合成为水时产生的热能转化成电能的装置。新闻中经常出现的氢能汽车，就是利用氢燃料电池产生的电作为动力来源的汽车。

氢能汽车排出的不是有害的尾气，而是水蒸气，不会产生污染空气的微尘。但是氢能汽车的研发还处于起步阶段，制造它需要很多的费用。此外，工厂在制造氢气的过程中也会排放污染物。

到目前为止，我们了解了什么是能源，人类使用了哪些能源，以及人类如何利用能源来发展文明。此外，人类在大量使用煤炭和石油等化石能源发展文明的同时，也使得地球环境面临着种种危机。

最后，我们讲到了可以替代煤炭和石油等化石能源的新能源。虽然新能源的利用面临着诸多问题，但是它们已经展露出了人类美好未来的曙光。

　　逐渐减少煤炭和石油等化石能源的使用，共同致力于环境友好型的可再生能源的开发，已经成为人类的共识，我们别无选择。

　　当然，尽管面临着重重困难，人类依然需要使用更多的能源推动文明向前发展，同时还要积极应对化石能源燃烧带来的地球变暖和雾

霾等问题。

　　相信人类一定会为了可持续发展的美好未来做出明智的选择，不断探寻清洁的可再生能源，并坚持不懈地应对随之而来的问题和挑战。

是时候关注并反思能源问题了

科学家说世界是由物质和能量组成的。一般人都知道什么是物质，我们看到的或触碰到的一切都是物质。我们的身体、大地、山川、江河湖海、空气、动物、植物，还有组成宇宙空间的所有星星也都是物质。

物质可以用眼睛看或者用手摸，但能量却不能那样，因此许多人对能量不够了解。能量也像物质一样，布满了我们生活的空间。

照亮黑暗的阳光，喧闹或低沉的声音，温暖我们身体的热量都是能量。轻轻摇动树枝的风，溪谷中汩汩流淌的水，滋润大地和草木的雨也同样具有能量。

包括人类在内的所有生物都需要能量才能生存。生物通过食物获得能量，有了能量才能保证机体的正常活动。因此，可以这么说，我们就像生活在能量的海洋里一样。

我们所享受的多姿多彩的生活也处处依赖能量。使用电视、电脑、空调、冰箱等家电产品都需要电能。工厂生产东西、修路架桥、搭屋建房也需要能量。当然，向外太空发射人造卫星也需要能量。

生活越丰富，我们消耗的能量就越多，对能源的需求也越多。能源是指能够提供能量的资源。为了满足人类日益增长的能源需求，越来越多的化石能源被开采出来，它们在燃烧的过程中向大气排放了大量的污染物，地球的环境也渐渐受到了破坏。地球变暖和雾霾等环境灾难正在严重威胁着地球的生态系统。

过去数百年间为人类文明发展做出巨大贡献的化石能源，如今所产生的污染正威胁着我们的未来。尽管人类寻求可以全面替代化石能源的清洁能源的道路漫长且崎岖不平，但是越来越多的人正加入到探索者的队伍中来。

希望我们中国的青少年能够对能源问题多一些关注，多一些思考。毕竟，寻求可大规模使用的清洁可再生能源，是保护地球、发展经济、推动人类文明继续向前发展的唯一办法。

作者寄语

图书在版编目（CIP）数据

真好奇，能源／（韩）郑昌勋著；（韩）Jo Esther绘；李雪
译.--济南：山东人民出版社，2021.8
（科学少年系列）
ISBN 978-7-209-11218-5

Ⅰ.①真… Ⅱ.①郑… ②J… ③李… Ⅲ.①能源－少年读物
Ⅳ.①TK01-49

中国版本图书馆CIP数据核字(2021)第126885号

山东省版权局著作权合同登记号　图字：15-2021-1

真好奇，能源
ZHENHAOQI, NENGYUAN

〔韩〕郑昌勋　著　　〔韩〕Jo Esther　绘　李雪　译

主管单位　山东出版传媒股份有限公司
出版发行　山东人民出版社
出 版 人　胡长青
社　　址　济南市英雄山路165号
邮　　编　250002
电　　话　总编室（0531）82098914
　　　　　市场部（0531）82098027
网　　址　http://www.sd-book.com.cn
印　　装　济南龙玺印刷有限公司
经　　销　新华书店

规　　格　16开（165mm×210mm）
印　　张　10.25
字　　数　92千字
版　　次　2021年8月第1版
印　　次　2021年8月第1次
ISBN 978-7-209-11218-5
定　　价　49.80元
　　　　　如有印装质量问题，请与出版社总编室联系调换。